Processingを はじめよう

|第2版|

Casey Reas、Ben Fry 著

船田 巧 訳

本書で使用するシステム名、製品名は、それぞれ各社の商標、または登録商標です。
なお、本文中では、TM、®、©マークは省略しています。

© 2016 O'Reilly Japan, Inc. Authorized translation of the English edition.
© 2015 Casey Reas, Ben Fry. This translation is published and sold
by permission of Maker Media, Inc., the owner of all rights to publish and sell the same.

本書は、株式会社オライリー・ジャパンがMaker Media, Inc.との許諾に基づき翻訳したものです。
日本語版の権利は株式会社オライリー・ジャパンが保有します。
日本語版の内容について、株式会社オライリー・ジャパンは最大限の努力をもって正確を期していますが、
本書の内容に基づく運用結果については、責任を負いかねますので、ご了承ください。

Getting Started with Processing

Casey Reas and Ben Fry

Second Edition

SAN FRANCISCO, CA

目次
Contents

はじめに	vii

1. ようこそProcessingへ ……… 001
 スケッチングとプロトタイピング … 003
 柔軟性 ……… 004
 巨匠たち ……… 005
 家系図 ……… 006
 コミュニティ ……… 007

2. コードを書いてみよう ……… 009
 最初のプログラム ……… 011
 メニューによる実行と停止 ……… 013
 スケッチの保存と新規作成 ……… 013
 シェアしよう ……… 014
 例とリファレンス ……… 014

3. 描く ……… 017
 ウィンドウを開く ……… 018
 基本的な図形 ……… 019
 描画の順序 ……… 024
 図形の性質 ……… 025
 描画モード ……… 027
 色 ……… 027
 形を作る ……… 032
 コメント ……… 034
 Robot 1: Draw ……… 036

4. 変数 ……… 039
 最初の変数 ……… 040
 変数の作成 ……… 041
 変数の処理 ……… 042
 変数と計算 ……… 043
 繰り返し ……… 045
 Robot 2: Variables ……… 052

5. 反応 ……… 055
 繰り返されるdrawと一度だけのsetup ……… 056
 追いかける ……… 058
 クリック ……… 063
 カーソルの位置 ……… 067
 キーボードからの入力 ……… 072
 マッピング ……… 076
 Robot 3: Response ……… 078

6. 移動、回転、伸縮 ……… 081
 座標移動の基礎 ……… 082
 回転 ……… 084
 伸縮 ……… 089
 PushとPop ……… 090
 Robot 4: Translate, Rotate, Scale ……… 092

7. メディア ……… 095
 画像 ……… 097
 フォント ……… 101
 ベクタ画像 ……… 104
 Robot 5: Media ……… 108

8. 動き　111
　フレーム　112
　スピードと方向　113
　2点間の移動　116
　乱数　117
　タイマー　120
　円運動　121
　Robot 6: Motion　126

9. 関数　129
　関数の基礎　130
　関数を作る　132
　値を返す　139
　Robot 7: Functions　141

10. オブジェクト　143
　フィールドとメソッド　144
　クラスを定義する　145
　オブジェクトの生成　149
　タブ機能　152
　Robot 8: Objects　154

11. 配列　157
　変数から配列へ　158
　配列の作り方　161
　配列と繰り返し　164
　オブジェクトの配列　167
　Robot 9: Arreys　171

12. データ　175
　データ構造　176
　Tableクラスと表　176
　JSON　182
　インターネット上のデータとAPI　186
　Robot10: Data　190

13. 拡張　193
　サウンド　195
　画像やPDFの保存　199
　Arduinoへようこそ　203

付録A　コーディングの心得　210
付録B　デバッガ　214

Processingクイックリファレンス　217

　基本的な関数　221
　スケッチの情報　225
　変数のスコープ　226
　データ型　227
　値の変換　228
　演算子の優先順位　229
　算術関数　230
　三角関数　231
　乱数　232
　文字列の処理　234
　条件分岐と繰り返し　236
　2次元図形　239

バーテックス	240
座標変換	242
色	243
描画時の属性	245
画像	246
ベクタ画像	250
文字の出力	251
フレームの保存	255
マウス	256
キーボード	257
コンソール出力	258
索引	260
訳者あとがき	268

はじめに
Preface

私たちがProcessingを作った理由は、インタラクティブグラフィックスのプログラミングをもっとやさしくするためです。かつて使っていたC++やJavaといった言語でこの種のプログラムを開発することはとても大変で、フラストレーションのもとでした。子どものころはBASICやLogoで気軽に面白いプログラムを組んだことを思い出したものです。Processingはこの2つの言語からインスパイアされています。ただし、もっとも強い影響を受けた言語は別にあって、それは私たちの恩師でもあるJohn Maedaが開発し、私たちが保守し教えていた言語、Design By Numbers（DBN）です。

1枚の紙を使って行ったブレインストーミングの結果、Processingは誕生しました。2001年春のことです。当時取り組んでいたソフトウェアをスケッチ（試作）する道具を作ることが目標でした。私たちが作りたかったソフトウェアは画面全体を使うインタラクティブなものだったので、コードを書いて構想を検証しようにも、C++では時間がかかりすぎて現実的ではなかったのです。口先の議論だけで我慢するか、もっと良い方法を見つける必要がありました。もうひとつの目的は、学生たちにとって使いやすい言語を開発することでした。アートやデザインの学生にプログラムの作り方を教える際の教材として、あるいはもう少し技術的なクラスで学生がグラフィックスを扱うときの道具として使える言語を作るため、それまでのプログラミングの教え方から離れて、グラフィックスとインタラクションに焦点を絞って開発を始めました。

　Processingは長い幼年期を経験しています。アルファ版の期間は2002年8月から2005年4月まで続き、その後2008年11月まではパブリックベータ版でした。この間、世界中のたくさんのユーザーに使用され、言語仕様、開発環境、そしてカリキュラムが継続的に見直されました。私たち開発者が下した決定の多くが補強され、また多くが変更されました。ライブラリと呼ばれるソフトウェア拡張機能が加えられると、当初は想定していなかった驚くような用途に向けてProcessingは成長を始めました。現在、100以上のライブラリが存在します。

　7年間の開発を経て、安定性に重点を置いたバージョン1.0を公開したのが2008年秋のことです。2013年春には、高速化を果たしたバージョン2.0をリリースしました。OpenGLのより良い統合、GLSLシェーダ、GStreamerによる高速なビデオ再生などが特長です。2015年のバージョン3.0では新しいインタフェイスやエラーチェック機能が導入され、プログラミングがよりやさしくなりました。

　始まりから14年が経過し、成長したProcessingは当初の目的を果たしました。そして、教育以外の文脈でも、その有用性が知られるようになりました。そうした状況に対応するため、この本は新たな読者に向けて書かれています。カジュアルプログラマー、ホビースト、分厚い教科書を読まずにProcessingのおいしいところを体験したい人も歓迎します。プログラミングを楽しんで、これからもずっと続けたいと思うくらい刺激を受けてください。この本は出発点にすぎません。

　私たち（CaseyとBen）は14年間、Processingという船を進めてきましたが、このプロジェクトはコミュニティの成果であることを強調しておきます。ソフトウェアを拡張するためにライブラリを書いたり、オンラインでコードを配布して他者の学習を助けたりといった、コミュニティの人々によるさまざまな貢献が、当初のコンセプトを超える領域にまでProcessingを推し進めたのです。この努力なくして、今日のProcessingはありえません。

本書の構成

本書の各章は次のような構成になっています。

- 1章　Processing の基礎について学びます
- 2章　最初の Processing プログラムを作ります
- 3章　シンプルな図形を定義し、描きます
- 4章　データを記憶し、変更し、再利用します
- 5章　マウスとキーボードに反応するプログラムを作ります
- 6章　座標変換を学びます
- 7章　画像、フォント、ベクタファイルなどを読み込んで表示します
- 8章　図形を意図したとおりに動かします
- 9章　新たなコードモジュールを作ります
- 10章　変数と関数が結合したコードモジュールを作ります
- 11章　変数のリストを扱いやすくします
- 12章　データを読み込んで可視化します
- 13章　サウンド、PDF の書き出し、Arduino ボードからのデータ読み込み

対象読者

　この本は気軽に読める簡潔なコンピュータプログラミングの入門書を求める人のために書かれています。とくにグラフィックスやインタラクションに興味がある人にとって有用でしょう。Processing の膨大なオンラインリファレンスと数千に及ぶサンプルコードを理解するためのとっかかりを必要としている人も、この本から始めることをおすすめします。

　『Processing をはじめよう』は教科書ではありません。タイトルが示すように、プログラミングを始めるための本であり、中高生、ホビースト、おじいさん、おばあさんを含むあらゆる人を対象にしています。

　この本はインタラクティブなコンピュータグラフィックスの基礎を学びたいプログラミング経験者にも適しています。ゲーム、アニメーション、ユーザーインタフェイスの開発に応用可能なテクニックが見つかるでしょう。

本書の表記について

本書では、以下の表記を使用しています。

» 等幅文字(Constant Width)：プログラムリストを表します。

✎ ちょっとしたヒントが示されています。

💣 想定外の結果を招かないように注意事項が記載されています。

サンプルコードの使用について

　本書の目的は、読者の仕事の手助けをすることです。一般に、本書に掲載しているコードは各自のプログラムやドキュメントに使用してかまいません。コードの大部分を転載する場合を除き、私たちに許可を求める必要はありません。たとえば、本書のコードブロックをいくつか使用するプログラムを作成するために、許可を求める必要はありません。なお、Maker Mediaから出版されている書籍のサンプルコードをCD-ROMとして販売したり配布したりする場合には、そのための許可が必要です。本書や本書のサンプルコードを引用して問題に答える場合、許可を求める必要はありません。ただし、本書のサンプルコードのかなりの部分を製品マニュアルに転載するような場合には、そのための許可が必要です。

　作者の帰属を明記する必要はありませんが、そうしていただければ感謝します。帰属を明記する際には、Casey Reas、Ben Fry著『Processingをはじめよう』(オライリー・ジャパン)のように、タイトル、著者、出版社、ISBNなどを盛り込んでください。サンプルコードの使用について、正規の使用の枠を超える、またはここで許可している範囲を超えると感じる場合は、permissions@oreilly.comまでご連絡ください。

意見をお聞かせください。

この本に関するコメントや質問は、出版社までお願いします。

株式会社オライリー・ジャパン
〒160-0002　東京都新宿区四谷坂町12番22号
電話：03-3356-5227　FAX：03-3356-5261

この本のウェブサイトには、正誤表などの追加情報が掲載されています。URLは以下のとおりです。

http://shop.oreilly.com/catalog/0636920031406.do
http://www.oreilly.co.jp/books/9784873117737

電子メールでのこの本に関するコメントや質問は、以下のアドレスへお願いします。

japan@oreilly.co.jp
bookquestions@oreilly.com（英文）

謝辞

　本書の初版と第2版におけるBrian Jepsonの情熱と助力と洞察に感謝します。初版の制作ではNancy Kotary、Rachel Monaghan、Sumita Mukherjiが完成に導いてくれました。Tom Sgourosが本書を完璧に編集し、David Humphreyは的確なテクニカルレビューを提供してくれました。

　この本の原型はMassimo Banziの素晴らしい著書『Getting Started with Arduino』（O'Reilly、日本語訳『Arduinoをはじめよう』、オライリー・ジャパン）です。彼の本がなければ、本書もなかったでしょう。

　何年にもわたってProcessingのために時間とエネルギーを割いて貢献した人たちがいます。Dan ShiffmanはProcessing Foundationにおける我々のパートナーです。Processing 2.0と3.0の中核コードはAndres ColubriとManindra Moharanaの鋭い頭脳から生まれました。3.0のユーザーインタフェイスをかっこよくしたのはJames Gradyです。Scott Murray、Jamie Kosoy、Jon Gacnikは素晴らしいWebインフラを築いてくれました。Florian Jenettは、Webサイト、フォーラム、デザインといったさまざまな分野で何年も働きました。Elie Zananiri、Andreas Schlegelは寄稿ライブラリのドキュメンテーションやビルドに必要なインフラを開発し、ライブラリリストの管理に膨大な時間を使いました。プロジェクトの貢献者に関する正確な記載は https://github.com/processing にあります。

Processing 1.0のリリースにあたっては、マイアミ大学とOblong Industriesからのサポートを得ています。マイアミ大学のArmstrong Institute for Interactive Media Studiesは、Oxford Project（Processing開発に関する一連のワークショップ）に資金を提供しました。このワークショップはIra Greenbergの尽力によって実現したものです。2008年11月、オハイオ州オックスフォードとペンシルバニア州ピッツバーグで開催された4日間のミーティングの場でProcessing 1.0は公開されました。Oblong Industriesは、2008年の夏の間、Ben FryがProcessingの開発を行うための資金を提供しましたが、これはバージョン1.0のリリースにとって決定的に重要でした。

　Processing 2.0はニューヨーク大学のInteractive Telecommunication Programがスポンサーとなって行われた開発ワークショップの協力を受けてリリースされました。Processing 3.0はデンバー大学のEmergent Digital Practicesの多大なる協賛の下で開発されました。Christopher ColemenとLaleh Mehranのサポートに感謝します。

　本書はUCLAで行った講義が基になっています。その内容を決定するにあたってはChandler McWilliamsの協力がありました。CaseyはUCLA Design Media Artsの学部学生が発揮してくれた情熱と熱意に感謝しています。このときのCaseyのアシスタントたちは、Processingの教育方法を定める上で大きな貢献を果たしました。Tatsuya Saito、John Houck、Tyler Adams、Aaron Siegel、Casey Alt、Andres Colubri、Michael Kontopoulos、David Elliot、Christo Allegra、Pete Hawkes、そしてLauren McCarthyに敬意を表します。

　John MaedaはMIT Media LabのAesthetics and Computation Group（1996-2002）の設立によって、これらすべてのことを可能にしてくれました。

1
ようこそProcessingへ
Hello

Processingはイメージ、アニメーション、そしてインタラクションを生み出すソフトウェアを書くためにあります。画面に円を描きたいとき、Processingならコードを1行書くだけです。そのコードに何行か付け加えると円はマウスカーソルを追って動き出し、さらにもう1行追加するとボタンを押すたびに色が変わるでしょう。このように1行、また1行とコードを書き加えながらプログラムを作っていくことを、我々は「スケッチング」と呼んでいます。

典型的なプログラミングの授業では、はじめに理論と構造を習います。アニメーションやユーザーインタフェイスといった視覚的な要素はいつも食後のデザート扱いで、数週間にわたってアルゴリズムを勉強したあとにだけ登場します。何年もの間、私たちが目にしたのは、そうした授業から脱落していった友人たちの姿です。ある人は最初の授業のあと、またある人は最初の課題の締切前夜に、挫折感とともに辞めていきました。コンピュータを使って作りたいものと、そのために学ばなくてはいけないことのギャップが大きすぎて、学び始めのころは持っていた好奇心を失ってしまったのです。

　Processingが提案するのは、インタラクティブな映像の創作を通じてプログラミングを学ぶ方法です。視覚的なフィードバックがすぐに返ってくれば、それが刺激となり、やる気を保ちながら課題に取り組むことができるでしょう。

　このあとの数ページを使って、フィードバックを重視するProcessingがプログラミングの学習に向いている理由と、イメージ、スケッチング、コミュニティといった概念の重要性について議論します。

Sketching and Prototyping
スケッチングとプロトタイピング

　速く楽しく考えるための手段がスケッチングです。短時間に多くのアイデアを試すことが重要で、新しい仕事に取りかかるときは、まず紙にスケッチを描き、それをコードへ移していきます。アニメーションやインタラクションのアイデアは絵コンテのようなスケッチになるでしょう。ソフトウェアによるスケッチをいくつか作ったあと、最良のアイデアを選び出し、それらを組み合わせてプロトタイプにまとめます（図1-1）。紙と画面の間を行き来しながら、作り、テストし、改良することを繰り返します。

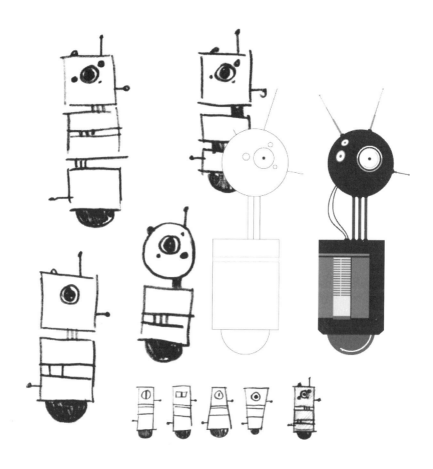

図1-1　スケッチブックに描いた絵をスクリーンに移すことで、新たな可能性が生まれます。

Flexibility

柔軟性

　大工さんの腰にぶらさがっている工具入れのように、Processingにはたくさんのツールが備わっています。目的に応じてそれらの組み合わせ方を変えることで、手早く済ませたいハックから本格的な研究まで、さまざまな用途に対応できます。最小のプログラムは1行、大きいものは数千行に及びます。それだけ成長と変化の余地があるわけです。100種類以上あるライブラリでProcessingを拡張すれば、サウンド、コンピュータビジョン、デジタルファブリケーションといった、より高度な領域にも応用できるでしょう（図1-2）。

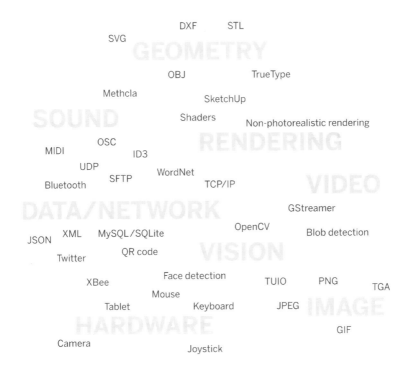

図1-2　Processingはさまざまな情報を扱うことができます。

Giants

巨匠たち

　1960年代から、人はコンピュータを使って絵を描いてきました。先人が築き上げたこの歴史から多くを学び取ることができます。たとえば、CRTや液晶ディスプレイがない頃は、プロッタという大きな機械が画像を描くために使われました（図1-3）。Processingも、デザイン、コンピュータグラフィックス、アート、建築、統計学といった分野の思想家を含む数多くの巨匠たちから影響を受けています。Ivan Sutherlandの"Sketchpad"（1963）、Alan Kayの"Dynabook"（1968）、Ruth Leavittの"Artist and Computer 1"[*1]（Harmony Books、1976）などを調べてみましょう。ACM SIGGRAPHやArs Electronicaのアーカイブは、ソフトウェアとグラフィックスに関する魅力的な資料を提供しています。

図1-3　パリ市立近代美術館のManfred MohrによるBensonプロッタとデジタルコンピュータを使った1971年のデモ。（写真 Rainer Mürle, courtesy bitforms gallery, New York）

---

*1　原注：http://www.atariarchives.org/artist/

Family Tree

家系図

　人間の言語と同様に、プログラミング言語にも語族があります。ProcessingはJavaの方言で、その構文はほぼ同一です。ただし、Processingにはグラフィックスとインタラクションに関連するいくつかの独自構文が追加されています（図1-4）。グラフィックスに関してはPostScript（PDFの基盤）とOpenGL（3Dグラフィックの規格）の親戚といえるでしょう。Processingを学ぶことは、そういった他の言語やソフトウェアツールの基本を習得することにもつながります。

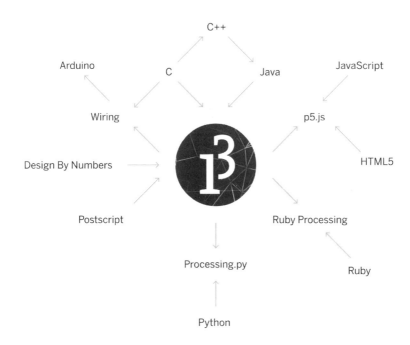

図1-4　Processingは多くのプログラミング言語や開発環境と親戚関係にあります。

Join In

コミュニティ

　日々たくさんの人がProcessingを使っています。誰であってもProcessingをダウンロードするときにお金を払う必要はありません。コードに手を加えて、自分の用途に合うProcessingを作ることも許されています。ProcessingはFLOSSプロジェクト[*1]です。コミュニティの精神に則って、知識や作品をシェアすることが奨励されており、その成果はProcessing.orgや多くのソーシャルネットワークサービスで見つけることができるでしょう。Processing.orgには、そうした情報源に対するリンクも用意されています。

[*1] 原注：FLOSSは無料（Free）で自由（Libre）なオープンソースソフトウェア（OSS）の略。

2

コードを書いてみよう
Starting to Code

この本を活用するには、読むだけでなく実際にやってみることが大事です。コードを入力し、動かしてみてください。目だけでなく、手も使うと理解が深まります。Processingをダウンロードして、1つ目のスケッチを動かすことから始めましょう。

まず、http://processing.org/download を開いて、Windows、Mac、Linux のなかから自分が使っているマシンと同じバージョンを選んでください[*1]。どのマシンでもインストールは簡単です。

» Windows の場合、ダウンロードが終わると .zip ファイルが手に入ります。それをダブルクリックして、フォルダを取り出してください。現れたフォルダをハードディスク上の好きな位置へ移動します。「Program Files」のなかでもいいですし、デスクトップに置いてもかまいません。そのフォルダのなかにある processing.exe をダブルクリックすると、Processing がスタートします。

» Mac OS バージョンも .zip ファイルです。ダブルクリックすると現れる Processing アイコンを「アプリケーション」フォルダへドラッグしてください。デスクトップに置いても大丈夫です。Processing アイコンをダブルクリックするとスタートします。

» Linux バージョンは .tgz ファイルです。ホームディレクトリにダウンロードしたら、ターミナルを開き、次のように入力してください（xxxx の部分はバージョン番号です）。

```
tar xvfz processing-xxxx.tgz
```

processing-1.x といった名前のフォルダが現れたら、そのなかに移動して、実行します。

```
cd processing-xxxx
./processing
```

ここまで問題がなければ、Processing のメインウィンドウが見えているはずです（図2-1）。セットアップの環境は人それぞれなので、どこかでつまずいてしまい、プログラムをうまく実行できないこともあるかもしれません。そういうときは、次のページを参照してください。

http://wiki.processing.org/w/Troubleshooting

[*1] 訳注：ダウンロードページを開くと、寄付（donation）を募るメッセージとメニューが表示されるかもしれません。寄付を行わずにダウンロードする場合は、メニューの "No Donation" を選択します。次のページでダウンロードファイルのリストが表示されます。寄付を行う場合は、このページで金額を入力し、次のページで支払い手続きを済ませると、ダウンロードページが表示されます。

実行ウィンドウ

メニュー
ツールバー
タブ
テキストエディタ
メッセージエリア
コンソール

図 2-1
Processing 開発環境

最初のプログラム

　Processing 開発環境（PDE）の準備ができました。見ると、そんなに複雑なものではないことがわかるでしょう。一番広いエリアはテキストエディタです。その上に一列のボタンがありますが、ここはツールバーと呼ばれます。エディタの下はメッセージエリア、さらにその下はコンソールです。メッセージエリアは1行単位のメッセージの表示に使われます。コンソールにはもっと細かい技術的な情報が表示されます。

> **Example 2-1：円を描く**

　エディタを使って、次のように打ち込んでください。

```
ellipse(50, 50, 80, 80);
```

　このコードは「中心が左から50ピクセル、上から50ピクセルの位置にある、幅80ピクセル、高さ80ピクセルの円を描け」という意味です。
　ツールバーにある三角アイコンの Run ボタンを押してみましょう。
　すべて間違いなく入力できていれば、ウィンドウに小さな円が表示されます。

011

打ち間違いがあると、メッセージエリアが赤くなって、エラーがあることを訴えてきます。もしそうなったら、自分が打ち込んだコードが先の例と完全に同じか確認してください。数値はすべてカッコのなかにあって、カンマで区切られているでしょうか。行の最後のセミコロンは忘れていないでしょうか。

プログラミング初心者にとって難しいことのひとつは、文法をとても厳密に守らなくてはならない点です。Processingは、あなたがしたいことを察してくれるほど賢くありませんし、おかしな句読点の位置を都合よく解釈してくれたりもしません。あなたのほうが少しずつ慣れていく必要があります。

次はもうちょっとエキサイティングなスケッチです。

> Example 2-2：円の生成

先ほどのコードは消して、こんどは次のように入力してください。

```
void setup() {
  size(480, 120);
}

void draw() {
  if (mousePressed) {
    fill(0);
  } else {
    fill(255);
  }
    ellipse(mouseX, mouseY, 80, 80);
}
```

このプログラムは幅480ピクセル、高さ120ピクセルのウィンドウを開いたあと、マウスカーソルの位置に白い円を描きます。マウスのボタンを押すと、円の色が黒に変わります。プログラムの詳しい説明は後述しますので、とりあえず今はコードを走らせて、マウスを動かし、クリックして、どうなるか見てみましょう。

スケッチが走っている間、先ほど押したRunボタンは四角いアイコンのStopボタンになっています。これを押すとスケッチは停止します。

メニューによる実行と停止

ボタンを使いたくないときは、Sketchメニューから同じことができます（図2-2）。Ctrl-R（MacではCmd-R）というショートカットも、Runボタンを押すのと同じ意味です。Sketchメニューには「Present」という項目があり、これは画面全体をクリアして、スケッチだけを表示したいときに使います。シフトキーを押しながらRunボタンを押しても同じ効果があります。

図2-2

Sketchメニューから「Present」を選択すると、画面全体を使ったクリアなプレゼンテーションを行うことができます。

スケッチの保存と新規作成

Fileメニューの「Save（保存）」コマンドはとても重要です。書いたプログラム[*2]を残しておきたいときに使います。通常、あなたのスケッチは「sketchbook」というフォルダにまとめて保存されていて、Fileメニューから「Sketchbook」を選ぶと、あなたの全スケッチが一覧となって表示されます。

[*2] 訳注：すでにお気づきのとおり、Processingの世界ではプログラムのことを「スケッチ」と呼びます。ただし、本書ではより一般的な「プログラム」や「コード」といった用語も使われています。プロジェクト全体を指すときは「スケッチ」、プログラムの一部分を指すときは「コード」を使う傾向があるようですが、厳密な使い分けではありません。意味は同じと考えても大丈夫です。

書きかけのスケッチはこまめに保存しましょう。新しいことを試す前に名前を付けて保存しておけば、すぐに元の状態へ戻すことができ、失敗への備えにもなります。スケッチがディスク上のどこに保存されているのかを知りたいときは、Sketchメニューの「Show Sketch Folder」を実行してください。

新しいスケッチを作るときは、Fileメニューの「New」を選択します。そうすると空のウィンドウが現れます。

シェアしよう

Processingのスケッチは簡単に共有できます。Fileメニューの「Export Application」を実行すると、あなたのコードは1つのフォルダにまとめられ、アプリケーションプログラムが作成されます。作成時に、対象のOS（Mac、Windows、Linux）、全画面で実行するか、Mac用にJavaを同梱するかといったオプションを指定します。作成されたアプリケーションはスケッチと同じフォルダに保存され、通常のアプリと同様にダブルクリックで起動できます。

「Export Application」を実行するたびにアプリケーションは上書きされます。途中のバージョンを残しておきたい場合は、自分でフォルダをコピーしておきましょう。

例とリファレンス

Processingを学ぶ過程で、たくさんのコードを探検することになるでしょう。いろんなコードを走らせ、書き換え、ときには壊し、新しいものに生まれ変わるまで拡張してください。そのために、ダウンロードしたProcessingにはさまざまな機能をデモするたくさんの例（example）があらかじめ入っています。

例を見たいときは、Fileメニューの「Examples」を選択し、表示されたリストから見たいスケッチを選んでダブルクリックします。例はForm、Motion、Imageといった機能ごとに分類されています。リストを眺めて面白そうなトピックを見つけたら、すぐに試してみましょう。

本書に掲載されているスケッチを開発環境のExamplesメニューに追加することができます。Filesメニュー→Examples→Add Examples...という順番でメニューを選択すると、ダウンロード可能なパッケージのリストが表示されるので、このリストから「Getting Started with Processing 2nd Edition」を選択し、Installボタンを押してください。すると本書のスケッチがインストールされ、Examplesメニューから利用可能になります。

エディタ上のコードを見ると、`ellipse()`や`fill()`といった部分が他とは違う色で表示されています。意味のわからない言葉があったら、マウスでその語を選択してから右クリックしてみましょう（Macの場合はcontrol+クリックまたは2本指タップ）。メニューから「Find in Reference」を選ぶと、ブラウザが立ち上がって、その言葉を説明するリファレンスが表示されます。リファレンス全体のメニューをHelpメニューから表示することもできます。

Processingリファレンスは個々の機能に関する解説と例文の集まりです。リファレンスにある例文は、Examplesのコードより短い4〜5行程度のものが主なので、理解しやすいでしょう。プログラミングをしている間はずっと開いておくことをおすすめします。項目はトピックごと、あるいはアルファベット順に整理されていますが、量が多いので、捜し物があるときはブラウザ上でテキスト検索を使ったほうが見つけやすいかもしれません。

初心者が使うことを念頭に、明解で理解しやすいリファレンスとなるよう心がけています。ありがたいことに、これまで多くの利用者から間違いを指摘する連絡をもらいました。あなたがもしリファレンスの誤りや改良点を見つけたら、各ページの先頭にある「please let us know」というリンクを使って報告してください。

3

描く
Draw

コンピュータの画面に図形を描くことは、方眼紙の上でそうするのに似ています。最初は技術的手続きばかりですが、新しいアイデアをいくつか導入することで単純な図形の描画からアニメーションやインタラクションへと発展させます。いきなり難しいものに取り組むのではなく、基礎から始めましょう。

コンピュータの画面はピクセルと呼ばれる発光体が格子状に並んだものです。各ピクセルは座標で示すことができます。Processingにおけるx座標はウィンドウの左端からの距離、y座標は上端からの距離です。あるピクセルの座標は(x, y)のように書き表します。画面サイズが200×200ピクセルのとき、左上隅は(0, 0)で、右下隅は(199, 199)です。この数字はちょっと奇妙ですね。どうして、1から200ではなく、0から199と書くのでしょう。その理由はコードのなかにあります。後ほど詳しく説明しますが、多くの場合、0からカウントしたほうが計算しやすいのです。

ウィンドウを開く

ウィンドウを開き、関数と呼ばれる要素を使って図形を描きます。関数はProcessingプログラムの基本的な構成単位であり、そのふるまいはパラメータによって定義されます。たとえば、ウィンドウの幅と高さを設定するsize()がよく使われる関数のひとつで、ほとんどすべてのProcessingプログラムに登場します(サイズを指定しないとウィンドウの大きさは100×100ピクセルになります)。

Example 3-1：ウィンドウを描く

size()関数には2つのパラメータがあります。1つ目は幅、2つ目は高さです。幅800ピクセル、高さ600ピクセルのウィンドウが欲しいときは次のようにします。

```
size(800, 600);
```

実際に実行して、結果を確かめてください。パラメータをぐっと小さくしたり、ディスプレイのサイズより大きくするとどうなるかも試してみましょう。

Example 3-2：点を描く

ウィンドウ内のピクセルの色を変えたいときはpoint()関数を使います。パラメータは2つで、x座標に続いてy座標を指定します。次の例は小さなウィンドウを開き、その中心となる(240, 60)の位置に点を描きます。

```
size(480, 120);
point(240, 60);
```

パラメータを変えて、ウィンドウの四隅に点を描いてみましょう。また、複数の点を並べて、水平、垂直、斜めの線を描いてみましょう。

基本的な図形

Processingには基本的な図形を描く関数のグループがあります（図3-1）。こうした単純な形を組み合わせて、葉っぱや顔のようにもっと複雑な図形を組み立てることができます。1本の線を描くためには4つのパラメータが必要で、そのうちの2つは始点の位置、もう2つは終点の位置です。

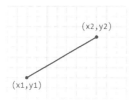

line(x1, y1, x2, y2)

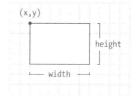

rect(x, y, width, height)

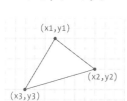

triangle(x1, y1, x2, y2, x3, y3)

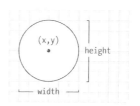

ellipse(x, y, width, height)

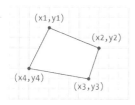

quad(x1, y1, x2, y2, x3, y3, x4, y4)

図3-1　形と座標

Example 3-3：線を描く

2つの座標 (20, 50) と (420,110) を結ぶ1本の線を描きます。

```
size(480, 120);
line(20, 50, 420, 110);
```

Example 3-4：基本図形を描く

線を描くには4つのパラメータが必要でした。三角形は6つ、四辺形は8つ必要です（1点につき1つのペア）。

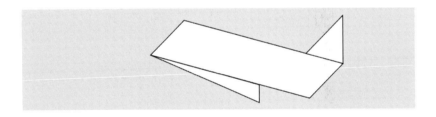

```
size(480, 120);
quad(158, 55, 199, 14, 392, 66, 351, 107);
triangle(347, 54, 392, 9, 392, 66);
triangle(158, 55, 290, 91, 290, 112);
```

> **Example 3-5：長方形を描く**

　長方形と円は4つのパラメータで設定します。1つ目と2つ目が基準点の座標、3つ目が幅、4つ目が高さです。たとえば、座標 (180, 60) を基準に、幅220ピクセル、高さ40ピクセルの長方形を描くとしたら、次のようにします。

```
size(480, 120);
rect(180, 60, 220, 40);
```

> **Example 3-6：円を描く**

　長方形の基準点は左上の角でしたが、円の場合はその中心です。次の例の最初の円を見てください。中心点のy座標がウィンドウの外側に設定されています。このようにウィンドウからはみ出てもエラーにはなりません。

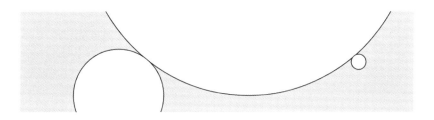

```
size(480, 120);
ellipse(278, -100, 400, 400);
ellipse(120, 100, 110, 110);
ellipse(412, 60, 18, 18);
```

　Processingには正方形や正円を描く専用の関数は用意されていません。rect()やellipse()の幅と高さを同じ値に設定することで、対応してください。

Example 3-7：円の一部を描く

arc()関数は円を部分的に描きます。

```
size(480, 120);
arc(90, 60, 80, 80, 0, HALF_PI);
arc(190, 60, 80, 80, 0, PI+HALF_PI);
arc(290, 60, 80, 80, PI, TWO_PI+HALF_PI);
arc(390, 60, 80, 80, QUARTER_PI, PI+QUARTER_PI);
```

1つ目と2つ目のパラメータは中心の位置です。3つ目と4つ目が幅と高さ。5つ目と6つ目は円弧の始まりと終わりの角度を表し、単位は「度」ではなくラジアンです。ラジアンは円周率(3.14159)を元にした値で、図3-2のような関係になります。

この例のように、Processingではよく使う4つの角度に固有の名前を付けています。PI、QUARTER_PI、HALF_PI、TWO_PIの4つで、それぞれ180度、45度、90度、360度に対応します。

Example 3-8：度を使って描く

角度を度で指定したい人は、radians()関数を使ってラジアンに変換するといいでしょう。この関数は度で指定した角度を、対応するラジアン値に変えます。次の例は、Example3-7と同じ図形をradians()を使って描くものです。

```
size(480, 120);
arc(90, 60, 80, 80, 0, radians(90));
arc(190, 60, 80, 80, 0, radians(270));
arc(290, 60, 80, 80, radians(180), radians(450));
arc(390, 60, 80, 80, radians(45), radians(225));
```

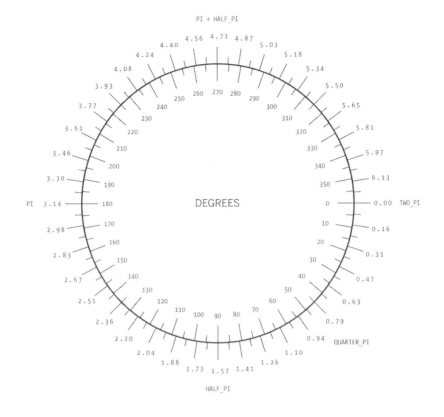

図3-2 ラジアン(radian)と度(degree)による角度の表記。度は0から360、ラジアンは0から約6.28(2π)の数値で角度を表す。

描画の順序

プログラムを実行すると、コンピュータは先頭から1行ずつコードを読み込んでいって、最後の行を処理したら停止します。コードの実行順序は重要です。重なり合う複数の図形がある場合、最後に描かれた図形が一番上に表示されます。

Example 3-9：描画の順序を意識する

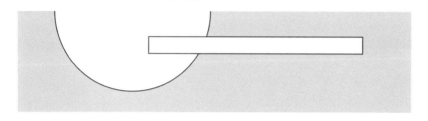

```
size(480, 120);
ellipse(140, 0, 190, 190);
// 長方形は円のあとに描かれるので円の上に現れます
rect(160, 30, 260, 20);
```

Example 3-10：順序を逆にする

Example 3-9を修正して、長方形と円の重ね合わせを逆にします。長方形が円の下に隠れました。

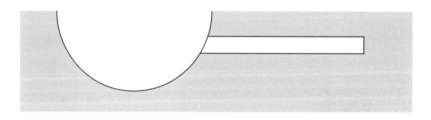

```
size(480, 120);
rect(160, 30, 260, 20);
// 長方形を先に描くよう変更したので円が上に現れます
ellipse(140, 0, 190, 190);
```

筆で絵を描くときと同じで、最後に描いたものが一番上にあるように見えます。

図形の性質

もっとも基本的でよく使う設定項目は描線の太さです。これは線の端や角の形状にも影響します。

> **Example 3-11：線の太さを変える**

線の太さは1ピクセルがデフォルトですが、strokeWeight()関数によって変更できます。strokeWeight()のパラメータは1つで、太さ(ピクセル数)を指定します。

```
size(480, 120);
ellipse(75, 60, 90, 90);
strokeWeight(8);    // 線の太さを8ピクセルに
ellipse(175, 60, 90, 90);
ellipse(279, 60, 90, 90);
strokeWeight(20);   // 線の太さを20ピクセルに
ellipse(389, 60, 90, 90);
```

> **Example 3-12：線の両端の形を変える**

strokeCap()は線の両端の形状を指定する関数です。デフォルトは丸い形です。

```
size(480, 120);
strokeWeight(24);
line(60, 25, 130, 95);
strokeCap(SQUARE);    // 直角の端
line(160, 25, 230, 95);
strokeCap(PROJECT);   // 突き出た端
line(260, 25, 330, 95);
strokeCap(ROUND);     // 丸い端
line(360, 25, 430, 95);
```

Example 3-13：角の形状を変える

strokeJoin()は線のつなぎ方(角の形)を指定する関数です。デフォルトは直角(留め継ぎ)です。

```
size(480, 120);
strokeWeight(12);
rect(60, 25, 70, 70);
strokeJoin(ROUND);    // 丸い角
rect(160, 25, 70, 70);
strokeJoin(BEVEL);    // 斜めの角
rect(260, 25, 70, 70);
strokeJoin(MITER);    // 直角
rect(360, 25, 70, 70);
```

図形の属性を設定すると、そのあと描かれるすべての図形にその設定が影響します。もう一度Example 3-11を見てください。2個目と3個目の円は線の太さが同じですが、strokeWeight()は1回しか実行していません。1回目の変更が両方に対して効果を及ぼしています。

描画モード

「mode」が付いている関数は描画時の基準点を変更します。この章ではellipseMode()を例に使い方を説明します。

Example 3-14：左上角を基準に描く

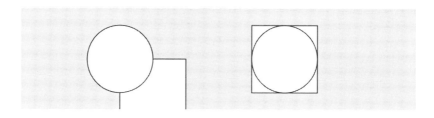

先述のとおり、ellipse()関数のパラメータは、中心点のxy座標、幅、高さの4つで指定するのがデフォルトです。ellipseMode(CORNER)を使うと、基準点は円が収まる四角い領域の左上角となります。この機能によって、rect()と同じようにパラメータを指定することができます。

```
size(480, 120);
rect(120, 60, 80, 80);
ellipse(120, 60, 80, 80);
ellipseMode(CORNER);
rect(280, 20, 80, 80);
ellipse(280, 20, 80, 80);
```

modeが付いている関数はパラメータが多いため、詳細についてはリファレンスを参照してください。

色

これまでの例では、どの図形も白か黒の輪郭で描かれ、ウィンドウの背景はいつも明灰色でした。background()、fill()、stroke()といった関数を使って、変更してみましょう。パラメータは0から255の値を取ります。0は黒、128は中間的な灰色、255は白です。グレースケールではなく色を指定するときは、赤、緑、青(RGB)の三原色を表す3つのパラメータが必要となり、それぞれの値を0から255の範囲で設定します。図3-3はその組み合わせの例を示したものです。

R	G	B		R	G	B
255	204	0		0	102	204
249	201	4		5	105	205
243	199	9		11	108	206
238	197	13		17	112	207
232	194	18		22	115	208
226	192	22		28	119	209
221	190	27		34	122	210
215	188	31		39	125	211
209	185	36		45	129	213
204	183	40		51	132	214
198	181	45		56	136	215
192	179	49		62	139	216
187	176	54		68	142	217
181	174	58		73	146	218
175	172	63		79	149	219
170	170	68		85	153	221
164	167	72		90	156	222
158	165	77		96	159	223
153	163	81		102	163	224
147	160	86		107	166	225
141	158	90		113	170	226
136	156	95		119	173	227
130	154	99		124	176	228
124	151	104		130	180	230
119	149	108		136	183	231
113	147	113		141	187	232
107	145	117		147	190	233
102	142	122		153	193	234
96	140	126		158	197	235
90	138	131		164	200	236
85	136	136		170	204	238
79	133	140		175	207	239
73	131	145		181	210	240
68	129	149		187	214	241
62	126	154		192	217	242
56	124	158		198	221	243
51	122	163		204	224	244
45	120	167		209	227	245
39	117	172		215	231	247
34	115	176		221	234	248
28	113	181		226	238	249
22	111	185		232	241	250
17	108	190		238	244	251
11	106	194		243	248	252
5	104	199		249	251	253
0	102	204		255	255	255

図3-3 色はRGB（赤、緑、青）各色の値で決まります。

Example 3-15：グレーを塗る

黒を背景に、濃さの異なる3種類のグレーを表示します。

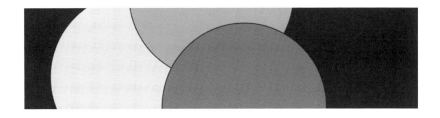

```
size(480, 120);
background(0);                  // 背景を黒に
fill(204);                      // 明灰色を選択
ellipse(132, 82, 200, 200);     // 明灰色の円
fill(153);                      // 灰色を選択
ellipse(228, -16, 200, 200);    // 灰色の円
fill(102);                      // 暗灰色
ellipse(268, 118, 200, 200);    // 暗灰色の円
```

Example 3-16：塗りと線の変更

noFill()関数を実行したあとは、図形の内部を塗りつぶしません。noStroke()関数は線の描画をオフにします。輪郭となる線も表示されません。

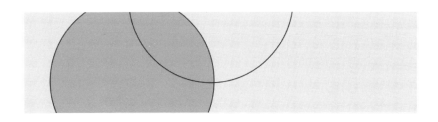

```
size(480, 120);
fill(153);                       // 灰色
ellipse(132, 82, 200, 200);      // 灰色の円
noFill();                        // 塗りを無効に
ellipse(228, -16, 200, 200);     // 輪郭線だけの円
noStroke();                      // 輪郭線を無効に
ellipse(268, 118, 200, 200);     // 見えない！
```

この例のように、塗りと線の両方を無効にしてしまうと、なにも表示されなくなってしまいます。誤ってそうしないように気をつけましょう。

Example 3-17：色付きの図形を描く

赤、緑、青の三原色に対応する3つのパラメータを設定して、色を付けてみましょう。次のスケッチを実行すると画面には複数の色が現れます。

```
size(480, 120);
noStroke();
background(0, 26, 51);           // 背景を濃い青に
fill(255, 0, 0);                 // 赤
ellipse(132, 82, 200, 200);      // 赤い円
fill(0, 255, 0);                 // 緑
ellipse(228, -16, 200, 200);     // 緑の円
fill(0, 0, 255);                 // 青
ellipse(268, 118, 200, 200);     // 青い円
```

赤、緑、青の3色（RGBと呼ばれることがあります）に対応する3つの値によって、画面上の色は決定されます。それぞれの値が0から255の範囲を持つのはグレースケールのときと同じです。RGB値は直観的ではないため、Processingにはカラーセレクタが用意されています。Toolsメニューの「Color Selector」を実行すると、グラフィックツールでお馴染みのカラーパレットが表示されます（図3-4）。色を選び、RGBそれぞれの値をbackground()、fill()、stroke()といった関数のパラメータとして使います。

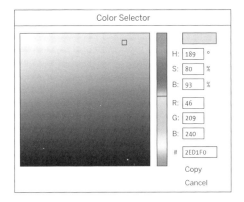

図3-4　カラーセレクタ

> **Example 3-18**：透明度の設定

　fill()やstroke()に4つ目のパラメータを加えることで、透明度を設定できます。このパラメータをアルファ値といいます。値の範囲は0から255で、0にすると完全に透明となり表示されません。0と255の間では半透明になり、下の色が透けて混ざり合います。255の場合は完全に不透明、つまりアルファ値を指定しないときと同じです。

```
size(480, 120);
noStroke();
background(204, 226, 225);    // 明るい青
fill(255, 0, 0, 160);         // 赤
```

```
ellipse(132, 82, 200, 200);      // 赤い円
fill(0, 255, 0, 160);            // 緑
ellipse(228, -16, 200, 200);     // 緑の円
fill(0, 0, 255, 160);            // 青
ellipse(268, 118, 200, 200);     // 青い円
```

形を作る

Processingが扱える形状は、単純な幾何学的図形だけではありません。複数の点をつなぎ合わせて、新しい形を定義してみましょう。

> **Example 3-19**：矢印を描く

beginShape()関数は新しい形を描き始める合図です。vertex()関数を使って輪郭をたどるようにxy座標をひとつひとつ定義していきます。最後に描き終わりの合図としてendShape()関数を実行します。

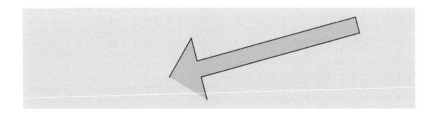

```
size(480, 120);
beginShape();
vertex(180, 82);
vertex(207, 36);
vertex(214, 63);
vertex(407, 11);
vertex(412, 30);
vertex(219, 82);
vertex(226, 109);
endShape();
```

> **Example 3-20：隙間を閉じる**

Example 3-19のプログラムでは、最初の点と最後の点がつながりませんでした。endShape()のパラメータとしてCLOSEを付け加えると、閉じた形になります。

```
size(480, 120);
beginShape();
vertex(180, 82);
vertex(207, 36);
vertex(214, 63);
vertex(407, 11);
vertex(412, 30);
vertex(219, 82);
vertex(226, 109);
endShape(CLOSE);
```

> **Example 3-21：生物の創造**

vertex()の威力は、複雑な輪郭を持つ形状を定義できるところにあります。Processingは瞬時に無数の線を描いて、創造の泉から湧き出た空想の産物に形を与えてくれるでしょう。次の例は、まだ控えめな規模ですが、これまでの例よりは複雑です。

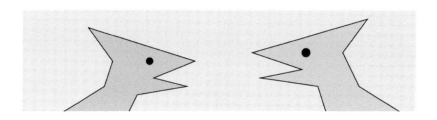

```
size(480, 120);

// 左の生き物
fill(153, 176, 180);
beginShape();
vertex(50, 120);
vertex(100, 90);
vertex(110, 60);
vertex(80, 20);
vertex(210, 60);
vertex(160, 80);
vertex(200, 90);
vertex(140, 100);
vertex(130, 120);
endShape();
fill(0);
ellipse(155, 60, 8, 8);

// 右の生き物
fill(176, 186, 163);
beginShape();
vertex(370, 120);
vertex(360, 90);
vertex(290, 80);
vertex(340, 70);
vertex(280, 50);
vertex(420, 10);
vertex(390, 50);
vertex(410, 90);
vertex(460, 120);
endShape();
fill(0);
ellipse(345, 50, 10, 10);
```

コメント

　コード中のダブルスラッシュ(//)はコメントの目印で、その後ろに書かれたテキストは実行時に無視される部分です。どんな動作をするコードなのかをコメントとして書いてお

くと後々のためになります。また、他人がそのプログラムを読むときにも、あなたの思考プロセスを伝えてくれるコメントの存在がとても重要となるでしょう。

コメントには別の使い方もあります。複数の選択肢を試したいときに便利な方法です。実例で説明しましょう。円の色を選んでいます。最初に明るい赤を試してみました。

```
size(200, 200);
fill(165, 57, 57);
ellipse(100, 100, 80, 80);
```

この色を見て、違う赤を試したくなったとします。ただし、古い赤も消したくはありません。そういうときは、fill()の行を複製(コピーアンドペースト)して、新しい行に別の赤を定義し、古い行は「コメントアウト」します。

```
size(200, 200);
//fill(165, 57, 57);
fill(144, 39, 39);
ellipse(100, 100, 80, 80);
```

行頭に//を挿入して、その行を一時的に無効化しました。前の赤に戻したくなったら、//を消して、新しいfill()の行をコメントアウトします。

```
size(200, 200);
fill(165, 57, 57);
//fill(144, 39, 39);
ellipse(100, 100, 80, 80);
```

Processingでスケッチを作っていると、いろんなアイデアを繰り返し試している自分に気づくはずです。コメントでメモを書いたり、無効にしたコードを残しておくことで、選択の過程を記録することができます。

ショートカットCtrl-/（Cmd-/）はカーソル行に//を挿入してコメントアウトします。すでにコメントになっている行に対して使うと、//が削除されます。複数の行を選択している状態でこのショートカットを実行すると、複数行が同時にコメントアウトされます。

Robot 1: Draw

　これはProcessing RobotのP5です。本書には、このロボットを描く10通りのプログラムが載っていて、それぞれが異なるプログラミングテクニックの使用例になっています。
　P5のデザインは、スプートニク1号（1957）、Stanford Research InstituteのShakey（1966-1972）、David Lynchの「デューン／砂の惑星」（1984）に登場したファイタードローン、そして「2001年宇宙の旅」（1968）のHAL 9000にインスパイアされています。
　最初のロボットは3章で紹介した描画関数を使ったものです。fill()とstroke()でグレースケールの設定をし、line()、ellipse()、rect()で首、アンテナ、胴体、頭部を描いています。これらの関数にもっと慣れるため、パラメータを変更してロボットのデザインに手を加えてください。

```
size(720, 480);
strokeWeight(2);
background(0, 153, 204);      // 青い背景
ellipseMode(RADIUS);

// 首
stroke(255);                  // 線を白に
line(266, 257, 266, 162);     // 左
line(276, 257, 276, 162);     // 中央
line(286, 257, 286, 162);     // 右

// アンテナ
line(276, 155, 246, 112);     // 小
line(276, 155, 306, 56);      // 高
line(276, 155, 342, 170);     // 中央

// 胴体
noStroke();                   // 輪郭なし
fill(255, 204, 0);            // 塗り色をオレンジに
ellipse(264, 377, 33, 33);    // 反重力球体
fill(0);                      // 塗り色を黒に
rect(219, 257, 90, 120);      // 胴体
fill(255, 204, 0);            // 塗り色を黄色に
rect(219, 274, 90, 6);        // 黄色のストライプ

// 頭
fill(0);                      // 塗り色を黒に
ellipse(276, 155, 45, 45);    // 頭
fill(255);                    // 塗り色を白に
ellipse(288, 150, 14, 14);    // 大きい目
fill(0);                      // 塗り色を黒に
ellipse(288, 150, 3, 3);      // 瞳孔
fill(153, 204, 255);          // 塗り色を明るい青に
ellipse(263, 148, 5, 5);      // 小さい目1
ellipse(296, 130, 4, 4);      // 小さい目2
ellipse(305, 162, 3, 3);      // 小さい目3
```

4

変数
Variables

値をメモリに保存しておき、プログラムのなかで再利用できるようにするのが変数の役割です。プログラムの実行中、変数は何度も繰り返し使用でき、その値は簡単に変えられます。

最初の変数

変数を使う理由のひとつは、不要な繰り返しを避けるためです。プログラムのなかで同じ数字が2回以上登場したら、その値を変数に収めることを検討しましょう。もっとわかりやすく、修正の容易なコードになります。

> Example 4-1：同じ値の再利用

y座標と直径を変数に格納し、3つの円に対して使用します。すべての円が同じ値を受け取ることになります。

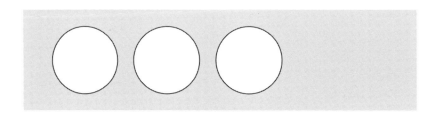

```
size(480, 120);
int y = 60;              // y座標
int d = 80;              // 直径 (diameter)
ellipse(75, y, d, d);    // 左
ellipse(175, y, d, d);   // 中央
ellipse(275, y, d, d);   // 右
```

> Example 4-2：値の変更

変数yとdを変更するだけで、3つの円すべてに反映されます。

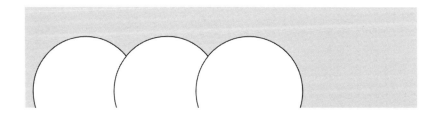

```
size(480, 120);
int y = 100;              // y座標
int d = 130;              // 直径
ellipse(75, y, d, d);     // 左
ellipse(175, y, d, d);    // 中央
ellipse(275, y, d, d);    // 右
```

　変数を使わずに同じことをしようとしたら、y座標を3か所、直径は6か所も直すはめになります。Example 4-1と4-2のコードを比べると、最後の3行は同じで、修正が必要なのは途中の2行だけです。変数を使うことで、変更が必要な部分とそうでない部分を分離できます。ある図形の色を、目で確かめながら選びたいとしましょう。その場合も、色の設定に必要なパラメータは変数にして1か所にまとめておくと、最低限の手間で多くの選択肢を効率よく試すことができます。

変数の作成

　自分で変数を作るときは、名前、データ型、そして値を考えて決めます。
　名前はその変数に格納される値の意味が伝わる、一貫性があって、長すぎない言葉を選びましょう。たとえば、radiusは単にrとするより意味が明確なので、後日コードを見直すときにもわかりやすいはずです。
　ある変数に格納できる値の種類や範囲はデータ型によって決まります。たとえば、整数型(int)の変数は小数点を持たない数を記憶できます。格納できる値を分類すると、整数のほかに、浮動小数点、文字、単語、画像、フォントなどがあり、それぞれにデータ型が用意されています。
　変数を使う前にかならず必要となるのが宣言です。ここでいう宣言とは、どんな値を記憶するのかを示すためにデータ型(前述のintがそのひとつ)を定義し、コンピュータのメモリに格納する領域を確保する処理のことです。データ型と名前が決まれば、次のようにして値をセットできます。

```
int x;    // xをint型変数として宣言
x = 12;   // xに値を割り当てる
```

　次の例は、同じことをより短いコードでやっています。

```
int x = 12;  // xをint型として宣言し、値を割り当てる
```

変数名の前にデータ型を書く必要があるのは、最初の宣言のときの1回だけです。コンピュータはデータ型の付いた変数を見つけると、新しい変数の宣言として処理しようとしますが、同じ名前の変数を2度宣言するとエラーになります。

```
int x;         // xをint型変数として宣言
int x = 12;    // エラー! xという名前の変数を2度作ろうとしました
```

データ型は複数あって、それぞれ異なる種類のデータを格納します。たとえば、int型の変数で扱えるのは整数だけで、小数点が付いている数値(浮動小数点数)は記憶できません。浮動小数点数を扱いたいときは、floatという型を使います。

浮動小数点数をint型変数に格納することはできません。たとえば、次のように、int型変数へ浮動小数点数である12.2を代入しようとするとエラーが発生します。

```
int x = 12.2;    // エラー! 小数点のある数をint型に代入しようとしました
```

逆にfloat型変数に整数を格納することは可能です。たとえば、次のようにfloat型変数へ12を代入すると、12.0を代入するのと同じ意味になります。

```
float x = 12;    // 12から12.0へ自動的に変換される
```

変数の処理

Processingは実行中のプログラムの状態を表す特殊な変数を持っています。現在のウィンドウの幅と高さを記憶しているwidthとheightがその一例で、これらはsize()関数を実行したときにセットされます。widthとheightを使うことで、ウィンドウの大きさに合わせて相対的に図形の位置や大きさを決めることができます。

Example 4-3:ウィンドウサイズに合わせる

size()関数のパラメータを変更して、見た目がどう変化するか確認しましょう。

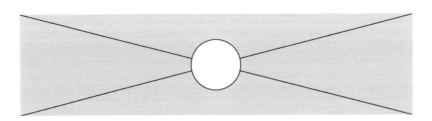

```
size(480, 120);
line(0, 0, width, height);  // (0, 0)から(480, 120)へ線を描く
line(width, 0, 0, height);  // (480, 0)から(0, 120)へ線を描く
ellipse(width/2, height/2, 60, 60);
```

似た働きの変数は他にもあります。マウスやキーボードの状態を保持する変数については5章で説明します。

変数と計算

プログラミングと数学は同じものだと考える人がいます。たしかに、ある種のコーディングにおいて数学は有効ですが、大部分の課題は算数レベルの計算で解決できます。

Example 4-4：基本的な計算

```
size(480, 120);
int x = 25;
int h = 20;
int y = 25;
rect(x, y, 300, h);         // 上
x = x + 100;
rect(x, y + h, 300, h);     // 真ん中
x = x - 250;
rect(x, y + h*2, 300, h);   // 下
```

コードを見ると、+や-、*といった記号が使われています。これらは演算子(オペレータ)と呼ばれ、2つの数値の間に置いて式を表すためにあります。たとえば、5 + 9や1024 - 512が式です。基本的な演算子は次のとおり。

+	足す（加算）
-	引く（減算）
*	かける（乗算）
/	割る（除算）
=	代入

　Processingには演算子の優先順位に関するルールがあって、それによって式のどこから計算が始まり、どういう順番で進んでいくかが決まります。次のような短い式を解釈するときも、優先順位に関する知識が大きな意味を持ちます。

```
int x = 4 + 4 * 5;  // xに24が代入されます
```

　乗算（*）が加算（+）よりも優先されるルールにより、この式では4 * 5が最初に評価されます。そこに4を足すので、答は24となり、それが変数xに代入されます。代入が最後に行われるのは、=がこの式のなかでもっとも優先順位の低い演算子だからです。
　カッコを用いて、この式をもっと明確に書くことができます。結果は同じです。

```
int x = 4 + (4 * 5);  // xに24を代入
```

　足し算を先に実行する式を書きたいときは、カッコを付け足すだけです。カッコは乗算よりも高い優先順位を持っていて、計算の順番を変える働きがあります。

```
int x = (4 + 4) * 5;  // xに40を代入
```

　カッコは全演算子のなかで最高の優先順位です。完全な優先順位の表はクイックリファレンス（229ページ）にあります。
　プログラマーが頻繁に使う式の形があり、そういう式は少ない文字数で書けるよう短縮形が用意されています。次の例は、1つの演算子で計算と代入を行います。

```
x += 10;    // この式はx = x + 10と同じです
y -= 15;    // こちらはy = y - 15と同じ
```

　次の例も短縮形です。変数に1を足したいとき、あるいは1を引きたいときによく使います。

```
x++;    // x = x + 1と同じ意味
y--;    // y = y - 1と同じ
```

　上記以外の短縮形については、クイックリファレンスを見てください。

繰り返し

何度かプログラムを書くうちに、数行のコードが繰り返されるパターンの存在に気づくでしょう。forループと呼ばれる構造を使うと、同じようなコードを並べる代わりに、1つのコードを繰り返し実行することができ、反復するパターンをより短いコードに濃縮できます。その結果、プログラムがモジュール化され、変更しやすくなります。

Example 4-5：何度も同じことを繰り返す

forループを使う前の繰り返しパターンの例です。

```
size(480, 120);
strokeWeight(8);
line(20, 40, 80, 80);
line(80, 40, 140, 80);
line(140, 40, 200, 80);
line(200, 40, 260, 80);
line(260, 40, 320, 80);
line(320, 40, 380, 80);
line(380, 40, 440, 80);
```

Example 4-6：forループを使う

forループを使って記述すると、このようにずっと短くなります。

```
size(480, 120);
strokeWeight(8);
for (int i = 20; i < 400; i += 60) {
  line(i, 40, i + 60, 80);
}
```

forループを使ったコードは、いくつかの点で、これまでに書いたものと違います。{と}に注目してください。2つの波カッコに挟まれたコードはブロックと呼ばれ、forループによって繰り返し実行される部分です。
　次に、forの後ろのカッコ内を見てみましょう。セミコロンで区切られた3つの文によって、ブロック内のコードの実行回数をコントロールしています。3つの文に、init(initialization＝初期化)、test、updateと名前を付けて、人間にとって読みやすいよう書き直すとこうなります。

```
for (init; test; update) {
    繰り返し実行されるコード
}
```

　initの部分で最初の値をセットします。同時にループ内で使う変数を宣言することがよくあります。先ほどのコードでは、変数iを宣言し、20を代入しました。forループではiという変数名がよく使われますが、他の名前でもかまいません。testの部分は変数を評価します。先ほどのコードではiが400未満かどうかを調べました。updateは変数を変化させる部分です。先ほどのコードでは60を加算しました。
　図4-1はどういう順番でforループが実行され、ブロック内の繰り返し処理がコントロールされるかを示しています。

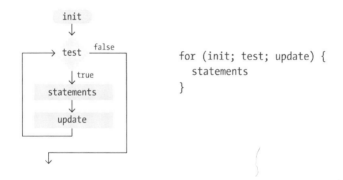

図4-1　forループの流れ図

　testの部分についてはもう少し説明が必要でしょう。ここには必ず2つの値を比べるための式が入ります。この例では、i < 400がそれです。<のような演算子は関係演算子と呼ばれます。一般的な関係演算子は次のとおりです。

>	より大きい
<	より小さい
>=	以上
<=	以下
==	等しい
!=	等しくない

　関係演算子を含む式を評価した結果は真(true)か偽(false)のどちらかです。たとえば、5 > 3の結果は真となります。はじめのうちは声に出しながら読むとわかりやすいかもしれません。「5は3より大きいですか?」「はい」。答が「はい」ならば真です。5 < 3の例でも試してみましょう。「5は3より小さいですか?」「いいえ」。結果は偽ですね。

　評価の結果が真ならばブロックの中身が実行され、偽の場合はブロック内を飛ばしてループが終了します。

Example 4-7：for ループで柔軟体操

　forループの偉大さは手早くコードを変更できる点にあります。ブロック内のコードを1か所変更すると、それが繰り返し実行されて効果が増幅されるわけです。次の例では、Example 4-6に少しだけ手を加えて、新しいパターンを作り出しました。

```
size(480, 120);
strokeWeight(2);
for (int i = 20; i < 400; i += 8) {
  line(i, 40, i + 60, 80);
}
```

047

Example 4-8：扇状に広がるライン

```
size(480, 120);
strokeWeight(2);
for (int i = 20; i < 400; i += 20) {
  line(i, 0, i + i/2, 80);
}
```

Example 4-9：よじれるライン

```
size(480, 120);
strokeWeight(2);
for (int i = 20; i < 400; i += 20) {
  line(i, 0, i + i/2, 80);
  line(i + i/2, 80, i*1.2, 120);
}
```

Example 4-10：ループにループを埋め込む

　forループのなかにforループを埋め込むと、それぞれのループ回数を掛け算した結果が、全体の繰り返しの回数となります。最初に短い例をあげ、続くExample 4-11でそれを分解します。

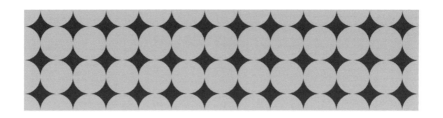

```
size(480, 120);
background(0);
noStroke();
for (int y = 0; y <= height; y += 40) {
  for (int x = 0; x <= width; x += 40) {
    fill(255, 140);
    ellipse(x, y, 40, 40);
  }
}
```

Example 4-11：横と縦の列

この例のforループは、一方に埋め込まれるのではなく、並んでいます。実行すると、片方のforループが横に13個の円を描き、もう一方のforループが縦に4個の円を描きます。

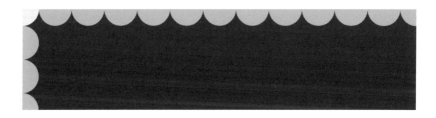

```
size(480, 120);
background(0);
noStroke();
for (int y = 0; y < height+45; y += 40) {
  fill(255, 140);
  ellipse(0, y, 40, 40);
}
for (int x = 0; x < width+45; x += 40) {
  fill(255, 140);
  ellipse(x, 0, 40, 40);
```

049

}
```

　Example 4-10のようにforループがforループのなかにある場合、繰り返しの回数は2つのループ回数の掛け算になります。つまり、4×13で計52回、ブロック内のコードが実行されるわけです。

　繰り返しを使って模様を描きたいときはExample 4-10を出発点にするといいでしょう。次の2つは、このコードを拡張してできることを示すための小規模な例です。Example 4-12は格子状に並んだ各点から中心へ向かう線を描いたもの。Example 4-13では円が縮みながら右下へずれていきます。y座標の値をx座標に足すことで、このようなパターンが出現します。

**Example 4-12:ピンと線**

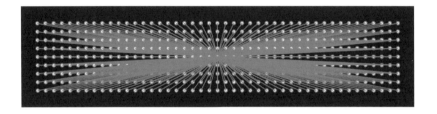

```
size(480, 120);
background(0);
fill(255);
stroke(102);
for (int y = 20; y <= height-20; y += 10) {
  for (int x = 20; x <= width-20; x += 10) {
    ellipse(x, y, 4, 4);
    // 描画領域の中心に向かう線を描く
    line(x, y, 240, 60);
  }
}
```
```

Example 4-13：網点

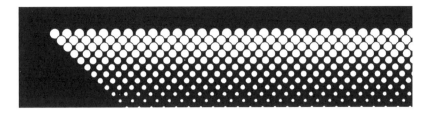

```
size(480, 120);
background(0);
for (int y = 32; y <= height; y += 8) {
  for (int x = 12; x <= width; x += 15) {
    ellipse(x + y, y, 16 - y/10.0, 16 - y/10.0);
  }
}
```

Robot 2: Variables

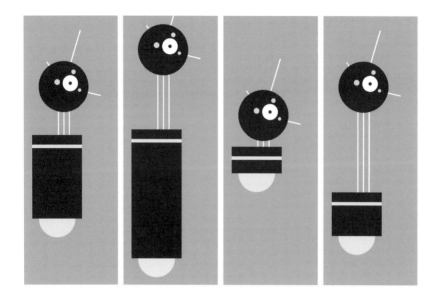

　変数が導入されたプログラムはRobot 1(3章)よりも難しく見えますが、影響しあう数値が1か所に集められているので、変更はむしろずっと簡単です。この例では、ロボットの外見を決定づける変数がプログラムの先頭部分に集められていて、位置、胴体の長さ、首の長さなどが設定できるようになっています。首の位置は胴体の長さ(bodyHeight)と首の長さ(neckHeight)で決まるというように、これらの変数は互いに影響しあっているため、まとまっているほうがわかりやすいのです。

```
y = 390              y = 460              y = 310              y = 420
bodyHeight = 180     bodyHeight = 260     bodyHeight = 80      bodyHeight = 110
neckHeight = 40      neckHeight = 95      neckHeight = 10      neckHeight = 140
```

　自分でプログラムのなかの数値を変数に置き換えるときは、少しずつ一歩一歩進めるようにしましょう。変数を作るのは1個ずつ。新たに変数を作ったら、次の変数を作る前にプログラムを実行して動作を確認してください。そうして移行の複雑さを最小限にとどめることが大事です。

```
int x = 60;           // x座標
int y = 420;          // y座標
int bodyHeight = 110; // 胴の高さ(長さ)
int neckHeight = 140; // 首の高さ(長さ)
```

```
    int radius = 45;        // 頭の半径
    int ny = y - bodyHeight - neckHeight - radius;  // 首のy
    
    size(170, 480);
    strokeWeight(2);
    background(0, 153, 204);
    ellipseMode(RADIUS);
    
    // 首
    stroke(255);
    line(x+2, y-bodyHeight, x+2, ny);
    line(x+12, y-bodyHeight, x+12, ny);
    line(x+22, y-bodyHeight, x+22, ny);
    
    // アンテナ
    line(x+12, ny, x-18, ny-43);
    line(x+12, ny, x+42, ny-99);
    line(x+12, ny, x+78, ny+15);
    
    // 胴体
    noStroke();
    fill(255, 204, 0);
    ellipse(x, y-33, 33, 33);
    fill(0);
    rect(x-45, y-bodyHeight, 90, bodyHeight-33);
    fill(255, 204, 0);
    rect(x-45, y-bodyHeight+17, 90, 6);
    
    // 頭
    fill(0);
    ellipse(x+12, ny, radius, radius);
    fill(255);
    ellipse(x+24, ny-6, 14, 14);
    fill(0);
    ellipse(x+24, ny-6, 3, 3);
    fill(153, 204, 255);
    ellipse(x, ny-8, 5, 5);
    ellipse(x+30, ny-26, 4, 4);
    ellipse(x+41, ny+6, 3, 3);
```

5

反応
Response

マウスやキーボードといったデバイスからの入力に反応するプログラムは、止まらずに動き続けている必要があります。そのためには、draw()関数のなかにコードを配置します。

繰り返されるdrawと一度だけのsetup

　draw()ブロック内のコードは、Stopボタンを押すかウィンドウを閉じてプログラムを止めるまで繰り返し実行されます。ブロック内のコードは上から下へ1行ずつ実行され、最後まで行くとブロックの先頭に戻ります。こうして一周する期間をフレームといい、デフォルトは1秒間に60フレームで、この値は変更可能です。

Example 5-1：draw()関数

　draw()がどう作用するか、次の例を実行して確かめてください。

```
void draw() {
  // フレームカウントをコンソールに表示
  println("I'm drawing");
  println(frameCount);
}
```

結果は以下のようになります。

```
I'm drawing
1
I'm drawing
2
I'm drawing
3
……
```

　上記の例では、"I'm drawing"というメッセージのあとに、frameCount変数の値(1、2、3……)がprintln()関数によって表示されました。これらのテキストが表示されたエディタの下にある黒い領域がコンソールです。

Example 5-2：setup()関数

　ループ状態のdraw()を補完する存在がsetup()です。setup()関数はプログラムが動き始めたときに、1回だけ実行されます。

```
void setup() {
  println("I'm starting");
}
```

```
void draw() {
  println("I'm running");
}
```

このコードを実行すると、コンソールには次のように出力されます。

```
I'm starting
I'm running
I'm running
I'm running
...
```

プログラムを止めるまで、"I'm running"というテキストが出続けます。

典型的なプログラムでは、setup()内のコードは開始時の値を定義するために使われます。多くの場合、最初の1行はsize()関数で、そのあとに、塗り色や線の色の設定、画像やフォントの読み込みといった処理が続きます。

setup()とdraw()の使い方はわかったと思いますが、コードを配置できる場所はもう1か所あります。setup()とdraw()の外側に変数を置くことができるのです。setup()のなかで宣言された変数をdraw()のなかで使うことはできないので、両方の関数で使いたい変数は関数の外で宣言します。このような変数をグローバル変数といい、プログラム中のどこででも使うことができます。

Processingがコードを実行する順番を整理すると、次のとおりです。

1. setup()とdraw()の外側で宣言された変数を作成
2. setup()内のコードを一度だけ実行
3. draw()内のコードを繰り返し実行

Example 5-3：setup()とdraw()

次の例はすべての要素を含んでいます。

```
int x = 280;
int y = -100;
int diameter = 380;

void setup() {
  size(480, 120);
  fill(102);
}
```

```
void draw() {
  background(204);
  ellipse(x, y, diameter, diameter);
}
```

追いかける

動き続けるコードができたところで、次はマウスの位置を追跡し、その情報を使って画面上の図形を動かしてみましょう。

Example 5-4：マウスを追跡

mouseX変数はx座標、mouseY変数はy座標を保持しています。

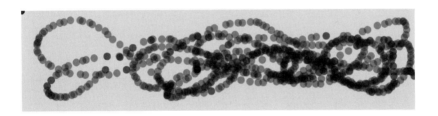

```
void setup() {
  size(480, 120);
  fill(0, 102);
  noStroke();
}

void draw() {
  ellipse(mouseX, mouseY, 9, 9);
}
```

draw()のなかのコードが実行されるたびに、新しい円が1つ描かれます。上の画像は、マウスをあちこち移動させて円の位置を変えた結果できたものです。塗り(fill)を半透明に設定しているので、マウスをゆっくり動かした部分は円が重なって濃く見えます。円が飛び飛びになっているところは、マウスを速く動かした区間です。

Example 5-5：追ってくる点

次のプログラムも、draw() が実行されるたびに新しい円が1つ描かれる、先ほどとほぼ同じ内容です。違うのは1か所だけ。最新の円だけが画面上に残るよう、draw() の先頭でbackground()関数を実行して、画面をリフレッシュしています。

```
void setup() {
  size(480, 120);
  fill(0, 102);
  noStroke();
}

void draw() {
  background(204);
  ellipse(mouseX, mouseY, 9, 9);
}
```

background()関数はウィンドウ全体をクリアします。draw() のなかでは他の関数よりも前に置かないと、描いた図形が消えてしまいます。

Example 5-6：連続的に描く

pmouseX変数とpmouseY変数は、1つ前のフレームにおけるマウスの位置を記憶しています。mouseXやmouseYと同様に、draw() が実行されるたびに値が更新されます。これらの変数を組み合わせると、現在の位置と前回の位置がつながっている、切れ目のない線を描くことができます。

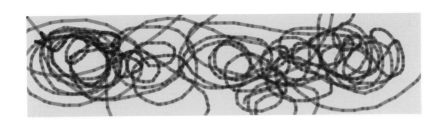

```
void setup() {
  size(480, 120);
  strokeWeight(4);
  stroke(0, 102);
}

void draw() {
  line(mouseX, mouseY, pmouseX, pmouseY);
}
```

Example 5-7:太さを変えながら描く

　pmouseXとpmouseYはマウスのスピードの計算にも使えます。現在のマウス位置と前回のマウス位置から移動距離を求めれば、フレームの更新周期は一定なのでそれがスピードを表します。マウスがゆっくり移動しているとき、この距離は縮まります。逆にマウスが速く動くと、距離は広がります。下記のスケッチで登場するdist()はこの計算を簡単にしてくれる関数です。dist()を使って得た値をstrokeWeight()に渡すことで、スピードを線の太さに変えます。

```
void setup() {
  size(480, 120);
  stroke(0, 102);
}

void draw() {
  float weight = dist(mouseX, mouseY, pmouseX, pmouseY);
  strokeWeight(weight);
  line(mouseX, mouseY, pmouseX, pmouseY);
}
```

Example 5-8：ゆっくり行こう

　Example 5-7では、マウスから得た値をそのまま画面上の位置に変換しました。この方法では動きが速すぎると感じたかもしれません。より滑らかなモーションを作り出すために、反応を遅らせてみましょう。このテクニックはイージング（easing）と呼ばれます。イージングは現在地と目的地を示す2つの値を使います（図5-1）。1フレーム進むごとに、現在地は目的地へ少しずつ近づいていきます。

```
float x;
float easing = 0.01;

void setup() {
  size(220, 120);
}

void draw() {
  float targetX = mouseX;
  x += (targetX - x) * easing;
  ellipse(x, 40, 12, 12);
  println(targetX + " : " + x);
}
```

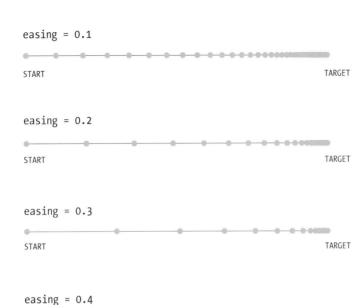

図 5-1 イージングの値によって出発点から目的地までのステップ数が変化する。

このプログラムの一番重要な部分は x += で始まる1行です。まず、現在地と目的地の差を計算し、そこに easing 変数を掛けてから x に加えることで目的地へと近づけます。

Example 5-9：イージングで線を滑らかに

次の例はイージングを Example 5-7 に適用したものです。比べると、線がより滑らかになっているのがわかるでしょう。

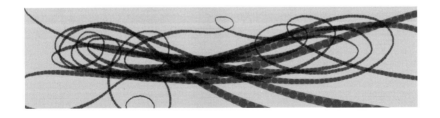

```
float x;
float y;
float px;
```

```
  float py;
  float easing = 0.05;

  void setup() {
    size(480, 120);
    stroke(0, 102);
  }

  void draw() {
    float targetX = mouseX;
    x += (targetX - x) * easing;
    float targetY = mouseY;
    y += (targetY - y) * easing;
    float weight = dist(x, y, px, py);
    strokeWeight(weight);
    line(x, y, px, py);
    py = y;
    px = x;
  }
```

クリック

Processingはマウスの位置だけでなく、マウスボタンの状態も把握しています。ボタンが押されると、mousePressed変数が変化します。この変数の型はブーリアン型と呼ばれ、取り得る値は真(true)か偽(false)のどちらか一方です。ボタンが押されると、mousePressedは真となります。

| Example 5-10：マウスをクリック |

mousePress変数をif文と一緒に使って、あるコードを実行すべきかそうでないかを判定します。詳しい説明の前に、このコードを試してください。

063

```
void setup() {
  size(240, 120);
  strokeWeight(30);
}

void draw() {
  background(204);
  stroke(102);
  line(40, 0, 70, height);
  if (mousePressed == true) {
    stroke(0);
  }
  line(0, 70, width, 50);
}
```

ifブロックのなかのコードは、マウスボタンが押されているときだけ実行されます。ボタンが押されていなければ、ブロック内のコードは無視されます。4章で取り上げたforループと同様に、if文も式をテストして真か偽を判断します。

```
if (test) {
  真のとき実行されるコード
}
```

コンピュータはカッコのなかの式(test)を評価し、真か偽かを判断します（Example 4-6を思い出してください）。それが真ならばブロック内のコードが実行され、偽ならばされません。
　==という記号は、左側と右側の値が等しいかどうかをテストするときに使います。等しければ真です。==と代入演算子(=)は別のもので、==は「両者は等しいか？」を問い、=は変数に値をセットします。

経験豊富なプログラマーであっても、==と書くべきところで=と書いてしまうミスをしでかすことがあります。Processingはこのミスを見つけてくれないので、注意しましょう。

Example 5-10のif文は次のように書くこともできます。

```
if (mousePressed) {
```

mousePressedのようなブーリアン変数は、それ自身が真か偽を示すので、==演算子を使って明示的に比較する必要はありません。

> **Example 5-11**：クリックされていないことを検出する

単一のifブロックを使って書けるのは、コードを実行するかしないかの選択だけです。ifブロックにelseブロックを追加することで、2つの選択肢から1つを選ぶプログラムが可能になります。elseブロックのコードは、ifブロックのテストが偽のときに実行されます。次の例では、マウスボタンが押されていないときは白の線、押されている間は黒い線が画面上に現れます。

```
void setup() {
  size(240, 120);
  strokeWeight(30);
}

void draw() {
  background(204);
  stroke(102);
  line(40, 0, 70, height);
  if (mousePressed) {
    stroke(0);
  } else {
    stroke(255);
  }
  line(0, 70, width, 50);
}
```

065

Example 5-12：複数のマウスボタン

マウスに2個以上のボタンがある場合、Processingはどのボタンが押されたかも見ています。mouseButton変数の値はLEFT、CENTER、RIGHTのどれかです。押されたボタンを判定するために==演算子を使います。

```
void setup() {
  size(120, 120);
  strokeWeight(30);
}

void draw() {
  background(204);
  stroke(102);
  line(40, 0, 70, height);
  if (mousePressed) {
    if (mouseButton == LEFT) {
      stroke(255);
    } else {
      stroke(0);
    }
    line(0, 70, width, 50);
  }
}
```

if～elseの構造はいくつでも増やすことができます（図5-2）。連結して、条件が異なるテストを順番に行ったり、ifブロックのなかにifブロックを埋め込んで、より複雑な判定を行うことが可能です。

```
if (test) {
  statements
}
```

```
if (test) {
  statements 1
} else {
  statements 2
}
```

```
if (test 1) {
  statements 1
} else if (test 2) {
  statements 2
}
```

図5-2 if～else構造によって、どのブロックのコードを実行すべきかを決定

カーソルの位置

ウィンドウ内でのカーソル位置を知るために、if文を使ってmouseXとmouseYの値を調べてみましょう。

Example 5-13：カーソルを探せ

カーソルが線のどちら側にあるかを調べてその結果を表示し、その線をカーソルのほうへ動かします。

067

```
float x;
int offset = 10;

void setup() {
  size(240, 120);
  x = width/2;
}

void draw() {
  background(204);
  if (mouseX > x) {
    x += 0.5;
    offset = -10;
  }
  if (mouseX < x) {
    x -= 0.5;
    offset = 10;
  }
  line(x, 0, x, height);
  line(mouseX, mouseY, mouseX + offset, mouseY - 10);
  line(mouseX, mouseY, mouseX + offset, mouseY + 10);
  line(mouseX, mouseY, mouseX + offset*3, mouseY);
}
```

スクロールバー、ボタン、チェックボックスといったグラフィカルユーザーインタフェイスを備えたプログラムを書くために、カーソルが今どの領域にあるかを把握する方法を考えてみましょう。次の2つは、カーソルが円や長方形の内側にあるときだけ反応するプログラムの例です。再利用性を考慮した変数の使い方になっていて、異なる大きさの円や長方形に対する判定に使用できます。

Example 5-14：円の境界

まずdist()関数を使って円の中心からカーソルまでの距離を調べます。その値が円の半径よりも小さければ、カーソルは円の内側にあるということです（図5-3）。この例では、カーソルを円に重ねると、その円が膨らみます。

```
int x = 120;
int y = 60;
int radius = 12;

void setup() {
  size(240, 120);
  ellipseMode(RADIUS);
}

void draw() {
  background(204);
  float d = dist(mouseX, mouseY, x, y);
  if (d < radius) {
    radius++;
    fill(0);
  } else {
    fill(255);
  }
  ellipse(x, y, radius, radius);
}
```

```
dist(x, y, mouseX, mouseY) < radius
```

図5-3 円に対する重なりの判定。円の中心座標とマウスのxy座標から両者の距離を求め、それが円の半径より小さければ、マウスは円の内側にある。

Example 5-15：長方形の境界

　長方形の内側にカーソルがあることを知るためには、別のアプローチが必要です。4つの辺すべてについてカーソルがしかるべき側にあるかを調べ、すべて真ならば、カーソルは内側と判定します（72ページの図5-4）。ひとつひとつのステップは単純なのですが、1本のプログラムにまとめると少し複雑に見えるかもしれません。

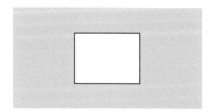

```
int x = 80;
int y = 30;
int w = 80;
int h = 60;

void setup() {
  size(240, 120);
}

void draw() {
  background(204);
  if ((mouseX > x) && (mouseX < x+w) &&
      (mouseY > y) && (mouseY < y+h)) {
    fill(0);
  } else {
    fill(255);
  }
  rect(x, y, w, h);
}
```

　if文のカッコの中身がこれまでになく複雑です。(mouseX > x)のようなテストが4つも&&でつなぎ合わされています。&&は論理演算のANDを表す記号で、すべての式が真であることを確認するために使われています。もし1つでも偽があれば、このテスト全体が偽となって、長方形の色が黒に変わります。&&の詳しい説明はクイックリファレンス(229ページ)にあります。

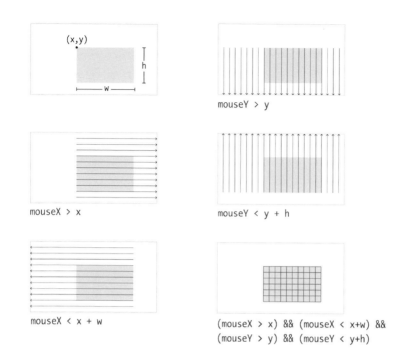

図5-4 長方形に対する重なりの判定。4つのテストがすべて真ならば長方形の内側にマウスがある。

キーボードからの入力

　Processingはキーボードの状態を見ていて、押されているキーの有無と、最後に押されたキーの情報を得ることができます。mousePressed変数と同様にキーが押されると真になるkeyPressedという変数があります。どのキーも押されていないときのkeyPressedは偽です。

Example 5-16：キーを叩く

キーを押すと2本目の線が描かれます。

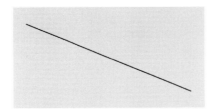 

```
void setup() {
  size(240, 120);
}

void draw() {
  background(204);
  line(20, 20, 220, 100);
  if (keyPressed) {
    line(220, 20, 20, 100);
  }
}
```

最後に押されたキーがどれかは、key変数を見るとわかります。keyのデータ型はcharです。これはcharacterの省略形ですが「チャー」と発音されることが多いようです。char型の変数には英数字を1つだけ格納できます。Example 7-8(104ページ)で説明する文字列はダブルクオート(")で囲って表記しますが、char型はシングルクオート(')です。

char型変数の宣言と代入は次のようにします。

```
char c = 'A';   // 変数cを宣言し、'A'を代入
```

次のようなコードはエラーとなります。

```
char c = "A";   // エラー! char型の変数に文字列を代入しようとしている
char h = A;     // エラー! シングルクオートがない
```

ブーリアン型変数のkeyPressedはキーから指が離れると偽に変化しますが、key変数の値は次のキーが押されるまで変わりません。次の例では、key変数の値を文字として描きます。キーが押されて値が更新されると、画面上の文字も描き換えられます。ShiftやAltといった文字以外のキーが押されたときは何も表示されません。

Example 5-17：文字を描く

ここで3つの新しい関数が登場します。textSize()は文字の大きさを、textAlign()はテキストの水平位置を指定する関数です。text()関数で文字を描きます。詳しい説明はExample 7-6を見てください。

```
void setup() {
  size(120, 120);
  textSize(64);
  textAlign(CENTER);
}

void draw() {
  background(0);
  text(key, 60, 80);
}
```

if文を使ってどのキーが押されたか判定し、それに応じて何かを表示するプログラムを考えてみましょう。

Example 5-18：特定のキーに反応する

押されたキーがHかNのときだけ反応するよう、==演算子を使ってkey変数の値をテストします。

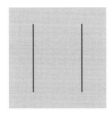  

```
void setup() {
  size(120, 120);
}

void draw() {
  background(204);
  if (keyPressed) {
    if ((key == 'h') || (key == 'H')) {
      line(30, 60, 90, 60);
    }
    if ((key == 'n') || (key == 'N')) {
      line(30, 20, 90, 100);
    }
  }
  line(30, 20, 30, 100);
  line(90, 20, 90, 100);
}
```

ShiftやCaps Lockと一緒に押されることも想定して、小文字と大文字の両方をチェックする必要があります。2つのテストを論理演算のORを表す記号||でつなぎました。このif文の働きを普通の言葉で説明すると「もしhキーまたはHキーが押されたら」となります。AND(&&)で連結した式はすべてが真のときだけ真となりましたが、ORの場合は1つでも真ならその式全体も真です。

検出が面倒なキーがあります。ShiftやAlt、カーソルキーのような、特定の文字に紐付けられていないキーです。Processingはこれらのキーをコード化し、文字キーとは別の方法で処理します。まず、key変数の中身がコード化されたキーかをチェックし、それからkeyCode変数を参照してどのキーかを特定します。よく使われるkeyCodeの値はALT、CONTROL、SHIFT、それからカーソルキーのUP、DOWN、LEFT、RIGHTです。

Example 5-19：カーソルキーで動かす

左右どちらかのカーソルキーに反応して、図形を動かします。

```
int x = 215;

void setup() {
  size(480, 120);
}
```

```
void draw() {
  if (keyPressed && (key == CODED)) {  // それはコード化されたキーか
    if (keyCode == LEFT) {             // それは左方向キーか
      x--;
    } else if (keyCode == RIGHT) {     // それは右方向キーか
      x++;
    }
  }
  rect(x, 45, 50, 50);
}
```

マッピング

マウスやキーボードが生成した値をプログラムのなかで扱いやすい大きさに変換したいときがあります。たとえば、幅1920ピクセルのウィンドウ内で動くカーソルのmouseXの値(0〜1919)を、背景色の値の範囲(0〜255)に変換する場合です。このような変換はmap()関数を使うと簡単です。

Example 5-20：値の範囲を変更

2本の線の間隔を、mouseXの値でコントロールします。灰色の線がマウスカーソルにピッタリ追従するのに対し、黒い線はそれよりも少し中央寄りを移動します。

 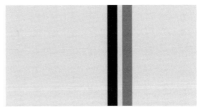

```
void setup() {
  size(240, 120);
  strokeWeight(12);
}
```

```
void draw() {
  background(204);
  stroke(102);
  line(mouseX, 0, mouseX, height);   // 灰色の線
  stroke(0);
  float mx = mouseX/2 + 60;
  line(mx, 0, mx, height);           // 黒い線
}
```

　この種の変換を行うもっと良い手段がmap()関数です。値をある範囲から別の範囲へ移します。map()の1つ目のパラメータは変換したい変数、2つ目と3つ目はその変数の最小値と最大値、4つ目と5つ目は変換後の最小値と最大値です。map()関数によって面倒な計算を省略でき、コードがわかりやすくなります。

Example 5-21：map()関数でマッピング

　このプログラムはExample 5-20をmap()を使って書き直したものです。

```
void setup() {
  size(240, 120);
  strokeWeight(12);
}

void draw() {
  background(204);
  stroke(102);
  line(mouseX, 0, mouseX, height);   // 灰色の線
  stroke(0);

  float mx = map(mouseX, 0, width, 60, 180);
  line(mx, 0, mx, height);           // 黒い線
}
```

　map()関数を使うことで、ある変数の最小値と最大値が明確になり、その結果、コードが理解しやすくなります。この例では、mouseXの元の値（0からwidth）が60から180の範囲にコンバートされます。このあと登場する多くの例で、map()関数が有効に使われています。

Robot 3: Response

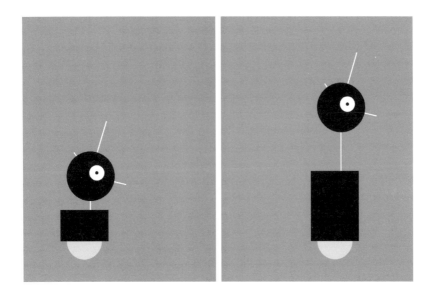

　マウスの動きに反応して形や位置が変化するロボットを作りましょう。Robot 2(4章)で導入した変数をプログラムの実行中に変更します。draw()ブロック内のコードは毎秒数十回実行され、フレームごとにmouseXとmousePressedの値が形や位置を表す変数に反映されます。
　マウスを動かすとロボットは左右に移動します。mouseXの値をそのままロボットの位置にしてしまうと変化が速すぎるので、イージングのテクニックを使って自然な動きを作っています。マウスボタンが押されると、neckHeightとbodyHeightが変化し、ロボットは縮みます。

```
float x = 60;           // X座標
float y = 440;          // Y座標
int radius = 45;        // 頭の半径
int bodyHeight = 160;   // 胴の高さ
int neckHeight = 70;    // 首の高さ

float easing = 0.04;

void setup() {
  size(360, 480);
  ellipseMode(RADIUS);
}

void draw() {
  strokeWeight(2);

  int targetX = mouseX;
  x += (targetX - x) * easing;

  if (mousePressed) {
    neckHeight = 16;
    bodyHeight = 90;
  } else {
    neckHeight = 70;
    bodyHeight = 160;
  }

  float neckY = y - bodyHeight - neckHeight - radius;
  background(0, 153, 204);

  // 首
  stroke(255);
  line(x+12, y-bodyHeight, x+12, neckY);

  // アンテナ
  line(x+12, neckY, x-18, neckY-43);
  line(x+12, neckY, x+42, neckY-99);
  line(x+12, neckY, x+78, neckY+15);
```

```
  // 胴体
  noStroke();
  fill(255, 204, 0);
  ellipse(x, y-33, 33, 33);
  fill(0);
  rect(x-45, y-bodyHeight, 90, bodyHeight-33);

  // 頭
  fill(0);
  ellipse(x+12, neckY, radius, radius);
  fill(255);
  ellipse(x+24, neckY-6, 14, 14);
  fill(0);
  ellipse(x+24, neckY-6, 3, 3);
}
```

6

移動、回転、伸縮
Translate, Rotate, Scale

座標系に変更を加えることで動きを作り出すテクニックがあります。たとえば、図形を右に50ピクセル動かすことと、座標(0，0)の位置を50ピクセル右に動かすことは、同じ視覚効果をもたらします。

デフォルトの座標系を変更して、移動、回転、伸縮といった変形を表現してみましょう。

```
translate(40, 20);
rect(20, 20, 20, 40);
```

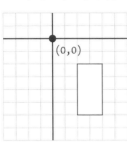

```
translate(60, 70);
rect(20, 20, 20, 40);
```

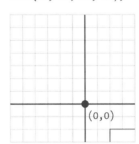

図6-1 座標の移動

座標移動の基礎

座標の移動はちょっとトリッキーに感じられるかもしれません。一番簡単な translate()関数からスタートしましょう。この関数は座標系を上下左右にずらします。

Example 6-1:位置の変更

四角形は毎回同じ座標(0, 0)を基準に描かれるのですが、translate()の効果で画面上をあちらこちらへ移動します。

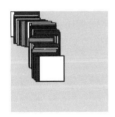  

```
void setup() {
  size(120, 120);
}

void draw() {
  translate(mouseX, mouseY);
  rect(0, 0, 30, 30);
}
```

translate()関数によって、座標(0, 0)はマウスカーソルがある位置へ移動します。次の行のrect()は座標(0, 0)を基準に描画されるので、マウスカーソルがある位置に現れます。

Example 6-2:複数回の座標移動

座標の移動は、続いて行われる描画にも適用されます。2回目のtranslate()によって、2つ目の四角形がどこに現れるかを確認してください。

```
void setup() {
  size(120, 120);
}

void draw() {
  translate(mouseX, mouseY);
  rect(0, 0, 30, 30);
  translate(35, 10);
  rect(0, 0, 15, 15);
}
```

translate()を複数回実行したとき、その効果は合成されます。上の例では、小さい方の四角形がマウスの位置から右へ35ピクセル、下へ10ピクセル移動した所に表示されます。この例でも、rect()の位置は常に(0, 0)です。

translate()の効果は、現在実行中のdraw()の間だけ有効です。新しいdraw()が始まるときに過去のtranslate()の効果は消えて、座標はリセットされます。

回転

rotate()関数は座標系を回転させます。パラメータは1つで、回転角(ラジアン)を指定します。回転の中心(原点)は常に座標(0, 0)です。角度の単位については、図3-2を見てください。次の図6-2ではマイナスの角度も試しています。回転の方向が逆になる点に注意してください。

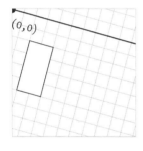
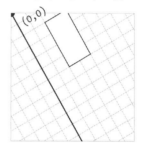

図6-2 座標系の回転

Example 6-3: 図形の角を軸に回転

図形を回転させたいときは、まずrotate()で回転角を指定してください。その次に図形を描画します。この例では、rotate(mouseX / 100.0)として、マウスのx座標を角度に変換しています。ウィンドウの幅が120なので、角度の範囲は0から1.2です。100ではなく、100.0で割っていることに注意しましょう。

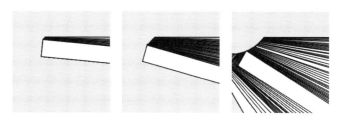

```
void setup() {
  size(120, 120);
}

void draw() {
  rotate(mouseX / 100.0);
  rect(0, 0, 160, 20);
}
```

Example 6-4: 図形の中心を軸に回転

図形の中心を回転の軸とするには、rect()の基準座標をマイナス方向にずらします。この例では、四角形の幅と高さが160と20なので、基準座標を(-80, -10)としています。

085

```
void setup() {
  size(120, 120);
}

void draw() {
  rotate(mouseX / 100.0);
  rect(-80, -10, 160, 20);
}
```

違う方法を使って、同じような回転を表現することもできます。基準座標をずらす代わりに、translate()とrotate()を組み合わせる方がわかりやすいかもしれません。その場合、移動と回転の順序が重要です。

> **Example 6-5: 移動してから回転**

図形の中心を軸に回転させたい場合は、まずtranslate()で原点の位置を動かし、それからrotate()を実行します。図形の描き方は先ほどのExample 6-4と同様で、基準位置をマイナス方向へずらします。

```
float angle = 0;

void setup() {
  size(120, 120);
}

void draw() {
  translate(mouseX, mouseY);
  rotate(angle);
  rect(-15, -15, 30, 30);
  angle += 0.1;
}
```

Example 6-6: 回転してから移動

次は順序を変えて、rotate()のあと、translate()を実行します。rect()のパラメータは同じですが、動きはまったく異なり、ウィンドウの左上隅を軸に大きく回転します。

```
float angle = 0.0;

void setup() {
  size(120, 120);
}

void draw() {
  rotate(angle);
  translate(mouseX, mouseY);
  rect(-15, -15, 30, 30);
  angle += 0.1;
}
```

> 中心点を基準に図形を描きたいときは、rectMode()、ellipseMode()、imageMode()、shapeMode()といった関数を利用するとより簡単です。パラメータについてはリファレンスを参照してください。

Example 6-7: 関節のある腕

3組のtranslate()とrotate()をつなげて、くねくね曲がる腕を作ってみましょう。それぞれのtranslate()で線の始点へ移動し、rotate()で回転を加えていきます。

```
float angle = 0.0;
float angleDirection = 1;
float speed = 0.005;

void setup() {
  size(120, 120);
}

void draw() {
  background(204);
  translate(20, 25);    // スタート地点へ移動
  rotate(angle);
  strokeWeight(12);
  line(0, 0, 40, 0);
  translate(40, 0);     // 次の関節へ
  rotate(angle * 2.0);
  strokeWeight(6);
  line(0, 0, 30, 0);
  translate(30, 0);     // さらに次の関節へ
  rotate(angle * 2.5);
  strokeWeight(3);
  line(0, 0, 20, 0);

  angle += speed * angleDirection;
  if ((angle > QUARTER_PI) || (angle < 0)) {
    angleDirection = -angleDirection;
  }
}
```

腕の曲がり量を表す変数 angle は 0 と QUARTER_PI（約0.79）の間で変化します。最初は0から増加していき、QUARTER_PI に達すると、今度は減少します。この切り替えは、変数 angleDirection の値が1になったり-1になったりすることで表現されています。

伸縮

scale()関数は座標系を伸縮させます。画面上の画像はすべて座標の伸縮に応じて拡大・縮小されます。scale(1.5)とすると、すべては150%の大きさとなります。scale(3)なら3倍です。scale(1)の場合、何も変化しません。scale(0.5)とすれば、すべてハーフサイズです。

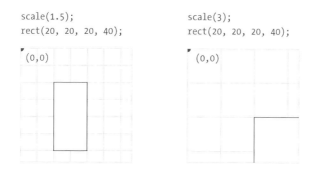

図6-3 座標系の伸縮

Example 6-8: 伸縮

rotate()と同様に(0, 0)が変形の基準となるので、図形の中心から伸び縮みさせたい場合は、translate()、scale()、rect()の順に実行し、図形は(0, 0)が中心となるように描きます。

```
void setup() {
  size(120, 120);
}

void draw() {
  translate(mouseX, mouseY);
  scale(mouseX / 60.0);
  rect(-15, -15, 30, 30);
}
```

Example 6-9: 線の太さを一定に保つ

実行中のExample 6-8をよく見ると、scale()関数の影響で輪郭の線までが太くなっているのがわかります。太さを一定に保つには、strokeWeight()のパラメータを拡大率(scalar)で割ります。

```
void setup() {
  size(120, 120);
}

void draw() {
  translate(mouseX, mouseY);
  float scalar = mouseX / 60.0;
  scale(scalar);
  strokeWeight(1.0 / scalar);
  rect(-15, -15, 30, 30);
}
```

PushとPop

座標変換の影響が後続のコードへ及ばないようにしたいときがあります。pushMatrix()関数とpopMatrix()関数を使うことで、変更した座標系を復元できます。pushMatrix()を実行するとそのときの座標系が記録され、popMatrix()でその座標系に戻ります。この機能は、図形が複数あるとき、その内の1つだけに座標変換の影響を与えたい場合にも使えます。

Example 6-10: 座標系の復元

小さい方の四角形はtranslate(mouseX, mouseY)の影響を受けず、常に同じ位置に表示されます。popMatrix()によって、すでに行われた座標移動がキャンセルされるからです。

```
void setup() {
  size(120, 120);
}
void draw() {
  pushMatrix();
  translate(mouseX, mouseY);
  rect(0, 0, 30, 30);
  popMatrix();
  translate(35, 10);
  rect(0, 0, 15, 15);
}
```

 pushMatrix()関数とpopMatrix()関数は常にペアで使います。popMatrix()には必ず対応するpushMatrix()が必要です。

Robot 4: Translate, Rotate, Scale

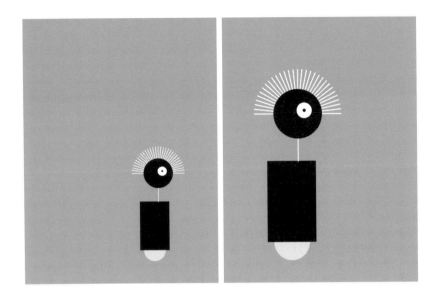

　translate()、rotate()、そしてscale()を活用してロボットを改造してみましょう。前章のロボットは、部品を描くたびに変数xを使って基準座標をずらさなければなりませんでしたが、今回はtranslate()で全体を移動させるのでxは不要です。これで少しコードが読みやすくなります。

　scale()はロボットの拡大・縮小に使います。普段は60%の大きさで表示し、マウスのボタンを押したときだけ100%で表示します。

　rotate()はロボットの髪の毛を描くときに便利です。線を1本描いたら、少しだけ回転させて次の1本を描く……という動作を繰り返すことで30本のロボットヘアを生やします。

```
float x = 60;            // X座標
float y = 440;           // Y座標
int radius = 45;         // 頭の半径
int bodyHeight = 180;    // 胴の高さ
int neckHeight = 40;     // 首の高さ

float easing = 0.04;

void setup() {
  size(360, 480);
  ellipseMode(RADIUS);
```

```
　}

　void draw() {
　　strokeWeight(2);
　　float neckY = -1 * (bodyHeight + neckHeight + radius);
　　background(0, 153, 204);
　　translate(mouseX, y);   // 全体を(mouseX, y)へ移動

　　if (mousePressed) {
　　　scale(1.0);
　　} else {
　　　scale(0.6);   // マウスが押されていないときは60%サイズ
　　}

　　// 胴体
　　noStroke();
　　fill(255, 204, 0);
　　ellipse(0, -33, 33, 33);
　　fill(0);
　　rect(-45, -bodyHeight, 90, bodyHeight-33);

　　// 首
　　stroke(255);
　　line(12, -bodyHeight, 12, neckY);

　　// ヘア
　　pushMatrix();
　　translate(12, neckY);
　　float angle = -PI/30.0;
　　for (int i = 0; i <= 30; i++) {
　　　line(80, 0, 0, 0);
　　　rotate(angle);
　　}
　　popMatrix();

　　// 頭
　　noStroke();
　　fill(0);
　　ellipse(12, neckY, radius, radius);
```

```
  fill(255);
  ellipse(24, neckY-6, 14, 14);
  fill(0);
  ellipse(24, neckY-6, 3, 3);
}
```

7
メディア
Media

Processingを使って描けるのは単純な図形だけではありません。プログラムにラスタ画像、ベクタファイル、フォントといった要素を取り入れることで、写真、緻密なグラフ、多様な書体といった表現手段が使えるようになります。

Processingは画像やフォントといったメディアファイルを格納するために「data」という名前のフォルダを使います。フォルダが決まっているので、スケッチをコピーしたりアプリケーションとして出力する際に、ファイルの置き場所について悩まずに済みます。

本書で使用するメディアファイルは次のURLからダウンロードできます。

http://www.processing.org/learning/books/media.zip

ダウンロードしたファイルは展開してデスクトップに置いておきます（もっと便利な場所があればそこでもかまいません）。

Mac OS Xでzipファイルを展開（unzip）したいときは、ダブルクリックするだけです。そうすると「media」という名前のフォルダが作られます。Windowsではダブルクリックするとウィンドウが現れますので、そこからmediaフォルダをドラッグしてデスクトップへ置きます。

まず新しいスケッチを作ってください。次にSketchメニューの「Add File」を実行し、先ほど展開したmediaフォルダからlunar.jpgを選択します。すべてうまくいくと、メッセージエリアに"One file added to the sketch."（1つのファイルがスケッチに追加されました）と表示されます。

追加したファイルを確認しましょう。Sketchメニューの「Show Sketch Folder」を実行すると、「data」と名付けられたフォルダが見つかるはずです。スケッチにファイルを追加すると自動的にdataフォルダが生成されます。このなかにlunar.jpgのコピーが入っています。

Add Fileコマンドを使う代わりに、Processingウィンドウのエディタ領域へ追加したいファイルをドラッグ&ドロップする方法もあります。先ほどと同じようにそのファイルはdataフォルダへコピーされます。

自分でdataフォルダを作り、Processingを使わずにファイルをコピーしてもかまいません。メッセージエリアには何も表示されませんが、たくさんのファイルを処理したいときに便利な方法です。

WindowsとMac OS Xは拡張子を表示しない設定がデフォルトです。この設定を変更して、常に完全なファイル名が見えるようにしたほうが作業しやすいかもしれません。Mac OS Xでは、Finderメニュー→環境設定→詳細タブの順に選択して「すべてのファイル拡張子を表示」をオンにします。Windowsではフォルダオプションの表示タブにある「登録されている拡張子は表示しない」をオフにします。

画像

画像を表示する準備として、次の3ステップが必要です。

1. dataフォルダに画像を追加(方法は前述のとおり)
2. 画像を格納するためにPImage変数を作る
3. loadImage()を使ってその変数に画像を読み込む

> **Example 7-1**：画像を読み込む

前述の手順に従って、ダウンロードしたmedia.zipファイルからdataフォルダへlunar.jpgをコピーしたら、image()関数を使ってそれを表示してみましょう。image()の最初のパラメータで画像を指定し、2つ目と3つ目でx座標とy座標を設定します。

```
PImage img;

void setup() {
  size(480, 120);
  img = loadImage("lunar.jpg");
}

void draw() {
  image(img, 0, 0);
}
```

表示時の幅と高さを指定する4つ目と5つ目のパラメータはオプションです。このパラメータがないときは、その画像の本来のサイズで表示します。

次の例で、1つのプログラムのなかで複数の画像を扱う方法と、表示サイズを変える方法を示します。

Example 7-2：複数の画像を読み込む

このプログラムを実行する前に、先ほどと同じ方法でcapsule.jpgを追加してください(ダウンロードしたmediaフォルダに入っています)。

```
PImage img1;
PImage img2;

void setup() {
  size(480, 120);
  img1 = loadImage("lunar.jpg");
  img2 = loadImage("capsule.jpg");
}

void draw() {
  image(img1, -120, 0);
  image(img1, 130, 0, 240, 120);
  image(img2, 300, 0, 240, 120);
}
```

Example 7-3：画像をマウスで動かす

image()の4つ目と5つ目のパラメータとしてmouseXとmouseYを使ったらどうなるでしょうか。画像のサイズがマウスの動きに応じて変化します。

```
PImage img;

void setup() {
  size(480, 120);
  img = loadImage("lunar.jpg");
}

void draw() {
  background(0);
  image(img, 0, 0, mouseX * 2, mouseY * 2);
}
```

表示された画像が実際のサイズよりも大きかったり小さかったりすると、歪みが生じます。画像を準備する段階で、それが使われる状況をよく考えましょう。image()関数で表示サイズを変更しても、ハードディスク上の画像ファイルはそのままです。

　Processingが読み込むことのできるラスタ画像のフォーマットはJPEG、PNG、GIFのいずれかです（ベクタフォーマットのSVGについてはこの章の後半で説明します）。これらのフォーマットへ変換が必要なときはGIMP、Photoshop、Mac OS Xのプレビューといったソフトウェアを使ってください。デジタルカメラで撮ったJPEG画像は、一般的なスケッチで使うには大きすぎます。dataフォルダへ追加する前に縮小しておくと処理が速くなり、ディスクスペースも節約できます。

　GIFとPNGは透明度をサポートしています。ここでいう透明とは、重なりあったピクセルが薄く透けて見える効果のことです（3章の説明を思い出してください）。GIF画像は1ビットの透明度をサポートし、これは完全に透明か完全に不透明かのどちらかの状態を持つことを意味します。PNG画像は8ビットの透明度を持ち、これは透明さに段階があることを意味します。次の2つの例は、mediaフォルダのなかにあるclouds.gifとclouds.pngを使って、両者の違いを示しています。実行する前に、dataフォルダにファイルを追加する作業を忘れないでください。

Example 7-4：透明なGIF

```
PImage img;

void setup() {
  size(480, 120);
  img = loadImage("clouds.gif");
}

void draw() {
  background(255);
  image(img, 0, 0);
  image(img, 0, mouseY * -1);
}
```

Example 7-5：透明なPNG

```
PImage img;

void setup() {
  size(480, 120);
  img = loadImage("clouds.png");
}
```

```
void draw() {
  background(204);
  image(img, 0, 0);
  image(img, 0, mouseY * -1);
}
```

画像を読み込むコードを書くとき、.gifや.pngといった拡張子を付け忘れないようにしましょう。忘れがちな人は前述のとおりOSの設定を変更して、全ファイルの拡張子を表示したほうがいいかもしれません。ファイル名は大文字・小文字の区別も含めて、表示されているとおりに入力します。

フォント

　ProcessingはTrueTypeフォント(.ttf)またはOpenTypeフォント(.otf)を使ってテキストを表示することができます。VLWというフォーマットのカスタムビットマップフォントを使うことも可能です。この章ではdataフォルダ内のTrueTypeフォント(ダウンロードしたmediaフォルダ内のSourceCodePro-Regular.ttf)を使う方法を説明します。

下記のサイトはProcessingで使用可能なオープンライセンスのフォントを探すのに好適です。
・Google Fonts(http://www.google.com/fonts)
・The Open Font Library(https://fontlibrary.org)
・The League of Moveable Type（https://www.theleagueofmoveabletype.com)

　フォントをロードして文字を表示する準備ができました。スケッチで利用する手順をまとめると次のとおりです。画像のときよりも1ステップ多い4ステップとなります。

1. フォントをdataフォルダに追加(方法は前述のとおり)
2. フォントを格納するPFont変数を作成
3. `createFont()`を使ってフォントを変数に割り当てる。この処理でフォントファイルを読み込み、Processingが必要とするサイズのフォントを生成
4. `textFont()`関数を使って使用フォントを変更

101

Example 7-6：フォントを使って描く

文字は text() を使って書きます。textSize() で文字サイズを変更できます。

```
PFont font;

void setup() {
  size(480, 120);
  font = createFont("SourceCodePro-Regular.ttf", 32);
  textFont(font);
}

void draw() {
  background(102);
  textSize(32);
  text("That's one small step for man...", 25, 60);
  textSize(16);
  text("That's one small step for man...", 27, 90);
}
```

text() の最初のパラメータは表示したいテキストです。ダブルクオートで囲んでください。2つ目と3つ目のパラメータ（x と y）で、テキストのベースラインが始まる位置を指定します（図7-1）。

図7-1 タイポグラフィの座標系

Example 7-7：箱のなかにテキストを描く

　四角い領域を指定して、そのなかにテキストを描くことができます。5番目と6番目のパラメータが領域の幅と高さです。

```
That's one small
step for man...
```

```
PFont font;

void setup() {
  size(480, 120);
  font = createFont("SourceCodePro-Regular.ttf", 24);
  textFont(font);
}

void draw() {
  background(102);
  text("That's one small step for man...", 26, 24, 240, 100);
}
```

Example 7-8：テキストをString変数に記憶する

これまでの例では、テキストがtext()関数のなかに書き込まれていたため、コードが読みにくくなっていました。テキストを変数として扱うことで、見やすくて修正もしやすいコードになります。String型はテキストデータの格納に使います。次のプログラムはStringを使って、先ほどの例を書き直したものです。

```
PFont font;
String quote = "That's one small step for man...";

void setup() {
  size(480, 120);
  font = createFont("SourceCodePro-Regular.ttf", 24);
  textFont(font);
}

void draw() {
  background(102);
  text(quote, 26, 24, 240, 100);
}
```

文字の表示属性を変更する関数は、この章で説明したもの以外にもあります。詳しくはリファレンスを見てください。

ベクタ画像

InkscapeやIllustratorといったツールで作成したSVGフォーマットのベクタ画像は、そのままProcessingに読み込むことができます。そうしたほうがProcessingだけですべて作図するよりも簡単でしょう。他のツールで作ったデータは、スケッチに読み込む前にdataフォルダへ追加する作業が必要です。

SVGファイルを表示する際の3ステップは次のとおりです。

1. SVGファイルをdataフォルダへ追加
2. ベクタデータを格納するPShape変数を作成
3. loadShape()でデータを変数に読み込む

Example 7-9：ベクタ画像を描く

上記の手順でデータを読み込んだら、shape()関数で画面上に表示することができます。

```
PShape network;

void setup() {
  size(480, 120);
  network = loadShape("network.svg");
}

void draw() {
  background(0);
  shape(network, 30, 10);
  shape(network, 180, 10, 280, 280);
}
```

　shape()関数のパラメータはimage()に似ています。1つ目で、SVGを指定し、次の2つのパラメータで位置を指定します。オプションである4つ目と5つ目のパラメータは幅と高さです。

> **Example 7-10：ベクタ画像の拡大と縮小**

ラスタ画像と違い、ベクタ画像はどんなに拡大や縮小をしても鮮明さが失われません。次の例でそのことを確認しましょう。mouseX変数の値に合わせてスケールが変化します。shapeMode()関数でベクタ画像を表示するときの基準点を中心に設定しています。デフォルトの基準点は左上隅です。

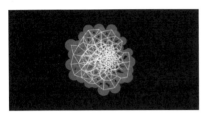
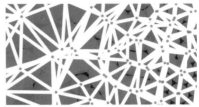

```
PShape network;

void setup() {
  size(240, 120);
  shapeMode(CENTER);
  network = loadShape("network.svg");
}

void draw() {
  background(0);
  float diameter = map(mouseX, 0, width, 10, 800);
  shape(network, 120, 60, diameter, diameter);
}
```

✏️ ProcessingのSVGサポートは完全ではありません。詳しくはリファレンスのPShapeの項を参照してください。

> **Example 7-11: 新しい形を作る**

dataフォルダの画像を表示する方法はわかりましたね。ここで新しい形を創造する方法に触れておきましょう。setup()内でcreateShape()を使いExample 3-21で登場した生物を描きます。一度作った形は、shape()関数によってそのプログラムのなかで何回も再利用することができます。

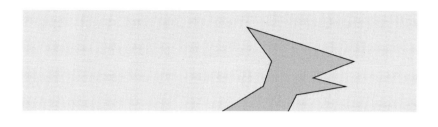

```
PShape dino;

void setup() {
  size(480, 120);
  dino = createShape();
  dino.beginShape();
  dino.fill(153, 176, 180);
  dino.vertex(50, 120);
  dino.vertex(100, 90);
  dino.vertex(110, 60);
  dino.vertex(80, 20);
  dino.vertex(210, 60);
  dino.vertex(160, 80);
  dino.vertex(200, 90);
  dino.vertex(140, 100);
  dino.vertex(130, 120);
  dino.endShape();
}

void draw() {
  background(204);
  translate(mouseX - 120, 0);
  shape(dino, 0, 0);
}
```

createShape()を使ってカスタムPShapeを作るテクニックは、同じ形を何度も描きたいときに便利です。

Robot 5: Media

　前章までの線と四角形だけで描かれたロボットと違い、この章のロボットはドローイングツールで作成されました。形によっては、コードを書いて座標を定義するよりも、InkscapeやIllustratorの上でマウスを使って描くほうが簡単です。ただし、そこにはトレードオフの関係があって、Processingで形を定義すれば実行中にも形を変えられる柔軟性が手に入りますが、他のツールを使って描いた画像は位置と大きさと縦横の比率くらいしか変えられません。4章で試したような動きをするロボットを、SVGで実現するのは困難です。

　デジタルカメラで撮った写真やツールで作成した画像を、背景として読み込むことができます。私たちのロボットは20世紀初頭のノルウェイで生命体を探索しているところです。この例で使用したSVGとPNGファイルは次のURLからダウンロード可能です。

　http://www.processing.org/learning/books/media.zip

```
PShape bot1;
PShape bot2;
PShape bot3;
PImage landscape;

float easing = 0.05;
float offset = 0;

void setup() {
```

```
  size(720, 480);
  bot1 = loadShape("robot1.svg");
  bot2 = loadShape("robot2.svg");
  bot3 = loadShape("robot3.svg");
  landscape = loadImage("alpine.png");
}

void draw() {
  // "landscape"を背景にします
  // この画像はウィンドウと同じ大きさにする必要があります
  background(landscape);

  // 左右の間隔を設定し、イージングによって滑らかに移動させます
  float targetOffset = map(mouseY, 0, height, -40, 40);
  offset += (targetOffset - offset) * easing;

  // 左のロボットを描きます
  shape(bot1, 85 + offset, 65);

  // 右のロボットは少し小さく描き、オフセットも少なくします
  float smallerOffset = offset * 0.7;
  shape(bot2, 510 + smallerOffset, 140, 78, 248);

  // 一番小さいロボットを描きます。オフセットは最小です
  smallerOffset *= -0.5;
  shape(bot3, 410 + smallerOffset, 225, 39, 124);
}
```

8

動き
Motion

パラパラまんがと同じように、画面上のアニメーションも、まず1枚絵を描き、次にそれとは少し違う絵を描き、さらにまた……と繰り返していくことで作られます。滑らかな動きに見えるのは残像の効果で、わずかずつ異なる一連の画像を十分に速いレートで表示すると、我々の脳はそれが動いていると認識します。

フレーム

滑らかな動きを生み出すために、Processingはdraw()内のコードを毎秒60回実行します。そうして描かれる画面1枚1枚のことをフレームと呼び、1秒間に何回フレームが更新されるかを表すのがフレームレートです。

Example 8-1：フレームレートを見る

次のコードを実行するとフレームレートがコンソールに表示されます。frameRate変数はプログラムの実行スピードを示しているともいえます。

```
void draw() {
  println(frameRate);
}
```

Example 8-2：フレームレートの変更

frameRate()関数を使うとプログラムの実行スピードを変更できます。

```
void setup() {
  frameRate(30);      // 毎秒30フレーム
  //frameRate(12);    // 毎秒12フレーム
  //frameRate(2);     // 毎秒2フレーム
  //frameRate(0.5);   // 2秒ごとに1フレーム
}

void draw() {
  println(frameRate);
}
```

Processingは毎秒60フレームを維持しようとしますが、draw()の実行に1/60秒以上かかってしまうと、フレームレートは低下します。frameRate()関数が指定しているのは最大フレームレートであって、実際のフレームレートはどんなコンピュータがどんなコードを実行しているかによって決まります。

スピードと方向

流れるような動きを表現するためにfloatと呼ばれるデータ型を使います。float型の変数は小数点を持つ数値を格納し、より高精度な動きを可能にします。int型を使って何かを動かすときは、フレームごとに少なくとも1ピクセル移動させないといけませんが、float型を使えば、1.01、1.02、1.03……と、わずかずつ変化させることで、いくらでも細かい動きに対応できます。

| Example 8-3：図形の移動 |

左から右へ図形を移動します。変数xが位置を表しています。

```
int radius = 40;
float x = -radius;
float speed = 0.5;

void setup() {
  size(240, 120);
  ellipseMode(RADIUS);
}

void draw() {
  background(0);
  x += speed; // xに加算
  arc(x, 60, radius, radius, 0.52, 5.76);
}
```

このコードを実行してしばらくすると、xがウィンドウの幅を上回って、図形が右端から外へ出て行ってしまうことに気づくでしょう。xは増加を続け、図形はずっと見えないままです。

Example 8-4：円筒形を回す

違う動きを考えてみましょう。コードを拡張して、右端から出ていった図形が左端から戻ってくるようにします。回転する円筒形の側面を見ているような効果が得られます。

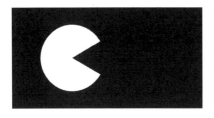

```
int radius = 40;
float x = -radius;
float speed = 0.5;

void setup() {
  size(240, 120);
  ellipseMode(RADIUS);
}

void draw() {
  background(0);
  x += speed;                  // xに加算
  if (x > width+radius) {      // 図形が画面から消えたら
    x = -radius;               // 左端に戻す
  }
  arc(x, 60, radius, radius, 0.52, 5.76);
}
```

draw()が実行されるたびに、図形の位置を表す変数xは増加します。xがウィンドウの幅に図形の半径を加えた値を超えたら、xに負の値をセットします。そしてまたxに加算していきます。右端から出て左端から入ってくる動きはこのようにして実現できます（図8-1）。

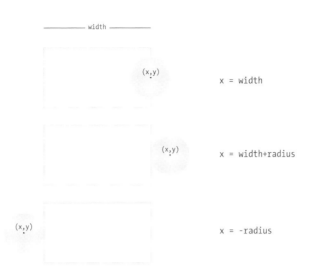

図8-1 ウィンドウの両端での処理

Example 8-5：壁に当たって跳ね返る

Example 8-3を拡張して、端に当たった図形が向きを変えて戻ってくるプログラムを作りましょう。図形の向きを記憶する変数を追加します。方向を表す値が1ならば右向き、-1ならば左向きです。

```
int radius = 40;
float x = 110;
float speed = 0.5;
int direction = 1;

void setup() {
  size(240, 120);
  ellipseMode(RADIUS);
```

```
  }

  void draw() {
    background(0);
    x += speed * direction;
    if ((x > width-radius) || (x < radius)) {
      direction = -direction;              // 方向を反転
    }
    if (direction == 1) {
      arc(x, 60, radius, radius, 0.52, 5.76); // 右向き
    } else {
      arc(x, 60, radius, radius, 3.67, 8.9);  // 左向き
    }
  }
```

　図形が端に達したらdirection変数の符号を反転させて、進行方向が変わったことを表現します。direction変数が正なら負に、負なら正に変化します。

2点間の移動

　画面上のある点から別の点へ図形が移動するアニメーションは、数行のコードで実現できます。始点と終点を指定し、その間の位置はフレームごとの計算で求めます。この処理をトゥイーニング（tweening）と呼ぶことがあります。

> **Example 8-6：2点間の経路を計算する**

　コードの再利用性を高めるため、冒頭に変数の宣言をまとめました。何度か値を変更しながら動かしてみて、このコードがどのように図形を動かすか観察してみましょう。step変数の値を変更すると、移動スピードを変えられます。

```
    int startX = 20;      // 始点 x座標
    int stopX = 160;      // 終点 x座標
    int startY = 30;      // 始点 y座標
    int stopY = 80;       // 終点 y座標
    float x = startX;     // 今の x座標
    float y = startY;     // 今の y座標
    float step = 0.005;   // ステップごとの移動量 (0.0 to 1.0)
    float pct = 0.0;      // 移動量 百分率 (0.0 to 1.0)

    void setup() {
      size(240, 120);
    }

    void draw() {
      background(0);
      if (pct < 1.0) {
        x = startX + ((stopX-startX) * pct);
        y = startY + ((stopY-startY) * pct);
        pct += step;
      }
      ellipse(x, y, 20, 20);
    }
```

乱数

コンピュータグラフィックスの線形的でスムーズな動きと違って、現実世界の動きはたいていもっと不規則です。地面へ落ちていく枯葉や荒れた地面を這っている蟻を思い浮かべてください。乱数を生成することで、そうした意外性のある動きをシミュレートできます。random()は、設定した範囲内の乱数を作り出す関数です。

| Example 8-7：乱数の生成 |

この短いプログラムは乱数をコンソールに出力します。値の範囲は0からマウスのx座標の間です。random()関数は必ず浮動小数点数を返すので、代入演算子(=)の左側の変数はfloat型です。

```
void draw() {
  float r = random(0, mouseX);
  println(r);
}
```

Example 8-8：ランダムに描く

Example 8-7がベースになっている次の例は、random()関数の値を使って線を描きます。マウスカーソルがウィンドウの左へ行くほど変化量は小さくなり、右へ行くほど乱数の効果が強調されます。random()関数はforループのなかにあるため、線を描くたびに新しい乱数が生成されます。

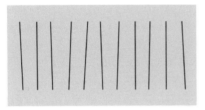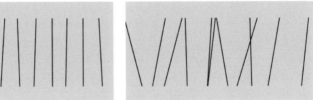

```
void setup() {
  size(240, 120);
}

void draw() {
  background(204);
  for (int x = 20; x < width; x += 20) {
    float mx = mouseX / 10;
    float offsetA = random(-mx, mx);
    float offsetB = random(-mx, mx);
    line(x + offsetA, 20, x - offsetB, 100);
  }
}
```

Example 8-9:ランダムに動く

乱数を使って画面上の図形を動かすと、自然な見た目のイメージができあがります。次の例では、円の位置は乱数によってフレームごとに変化します。background()関数を使っていないので、円が移動した跡が残ります。

```
float speed = 2.5;
int diameter = 20;
float x;
float y;

void setup() {
  size(240, 120);
  x = width/2;
  y = height/2;
}

void draw() {
  x += random(-speed, speed);
  y += random(-speed, speed);
  ellipse(x, y, diameter, diameter);
}
```

このプログラムを長時間観察すると、円がウィンドウの外へ出て行き、また戻ってくることがあるかもしれません。これは偶然起こることですが、if文を追加するかconstrain()関数を使うことで、ずっとウィンドウのなかにとどめておくこともできます。xとyの値がウィンドウの境界を越えないよう、constrain()関数による制限を加えるため、先ほどのコードのdraw()ブロックを、次のコードに変更してみましょう。

```
void draw() {
  x += random(-speed, speed);
  y += random(-speed, speed);
  x = constrain(x, 0, width);
  y = constrain(y, 0, height);
  ellipse(x, y, diameter, diameter);
}
```

> プログラムを実行するたびにrandom()が同じシーケンスを生成するよう強制したいときはrandomSeed()を使います。詳しくはクイックリファレンス（232ページ）を見てください。

タイマー

　Processingはプログラムがスタートしてからの経過時間をカウントしています。単位はミリ秒（千分の一秒）で、1秒が経過すると1000、5秒なら5000、1分では60000となります。このカウンタの値を返す関数がmillis()で、時間に合わせてアニメーションを切り替えるトリガーとして使うことができます。

Example 8-10：時間の経過

このプログラムを実行すると、実行開始からの経過時間がわかります。

```
void draw() {
  int timer = millis();
  println(timer);
}
```

Example 8-11：時限式のイベント

　millis()をif文と組み合わせることで、イベントやアニメーションをシーケンスとして再生することができます。たとえば次の例では、2秒経過するごとに、ifブロック内のコードが順番に実行されます。time1とtime2の値がxを書き換えるタイミングを決めています。

```
  int time1 = 2000;
  int time2 = 4000;
  float x = 0;

  void setup() {
    size(480, 120);
  }

  void draw() {
    int currentTime = millis();
    background(204);
    if (currentTime > time2) {
      x -= 0.5;
    } else if (currentTime > time1) {
      x += 2;
    }
    ellipse(x, 60, 90, 90);
  }
```

円運動

　三角関数が得意な人は、すでにサインとコサインの面白さをよく知っているでしょう。苦手な人は、次の例を試して好きになってください。数学的な説明は省いて、気持ちのいい動きを生み出すプログラムをいくつか紹介します。

　図8-2はサイン波をグラフ化したもので、角度との関係を示しています。垂直方向の変化に注目すると、波の頂上と底で変化率が小さくなっていき、ついには止まって方向を変えます。サイン波が持っているこの性質が興味深い動きを生み出します。

　Processingのsin()関数とcos()関数は、指定した角度のサイン（正弦）とコサイン（余弦）を-1から1の間の数として返します。arc()と同じように、角度はラジアンで指定してください（ラジアンについてはExamples 3-7を参照）。描画に使う場合は、sin()とcos()の値に大きな数を掛けることになるでしょう。

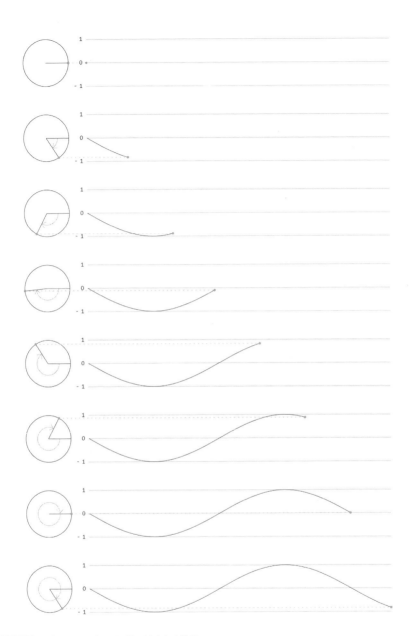

図 8-2 回転する円からサイン波が生まれる様子

Example 8-12：サイン波の値

角度が増加すると、sin()の値は-1と1の間を行き来します。map()関数によって、変数sinvalの値は0から255の範囲に変換され、ウィンドウの背景色に使われます。

```
float angle = 0.0;

void draw() {
  float sinval = sin(angle);
  println(sinval);
  float gray = map(sinval, -1, 1, 0, 255);
  background(gray);
  angle += 0.1;
}
```

Example 8-13：サイン波の動き

sin()の値を動きに変換するとどうなるでしょう。

```
float angle = 0.0;
float offset = 60;
float scalar = 40;
float speed = 0.05;

void setup() {
  size(240, 120);
}

void draw() {
  background(0);
  float y1 = offset + sin(angle) * scalar;
  float y2 = offset + sin(angle + 0.4) * scalar;
```

```
    float y3 = offset + sin(angle + 0.8) * scalar;
    ellipse( 80, y1, 40, 40);
    ellipse(120, y2, 40, 40);
    ellipse(160, y3, 40, 40);
    angle += speed;
}
```

Example 8-14：円運動

sin()とcos()を組み合わせると、円運動を作り出すことができます。cos()がx座標の、sin()がy座標の基となります。2つの値に変数scalarを掛けて回転の半径を変更し、変数offsetを加えて回転の中心を移動します。

```
float angle = 0.0;
float offset = 00;
float scalar = 40;
float speed = 0.05;

void setup() {
  size(120, 120);
}

void draw() {
  float x = offset + cos(angle) * scalar;
  float y = offset + sin(angle) * scalar;
  ellipse( x, y, 40, 40);
  angle += speed;
}
```

Example 8-15:らせん

scalarの値をフレームごとに少しずつ大きくしていくと、円の代わりにらせんが現れます。

```
float angle = 0.0;
float offset = 60;
float scalar = 2;
float speed = 0.05;

void setup() {
  size(120, 120);
  fill(0);
}

void draw() {
  float x = offset + cos(angle) * scalar;
  float y = offset + sin(angle) * scalar;
  ellipse( x, y, 2, 2);
  angle += speed;
  scalar += speed;
}
```

Robot 6: Motion

　この章のロボットには不規則な円運動をさせてみましょう。位置と形の変化がよくわかるように background() は省略しました。
　毎フレーム、-4から4の間の乱数をx座標に、-1から1の間の乱数をy座標に加えます。その結果、上下よりも左右に激しく動くロボットになりました。sin() 関数を使った計算により、首の長さは50から110ピクセルの範囲で変化します。

```
float x = 180;              // x座標
float y = 400;              // y座標
float bodyHeight = 153;     // 胴の高さ
float neckHeight = 56;      // 首の高さ
float radius = 45;          // 頭の半径
float angle = 0.0;          // 動きの角度

void setup() {
  size(360, 480);
  ellipseMode(RADIUS);
  background(0, 153, 204);  // 青い背景
}

void draw() {
```

```
  // 小さな乱数の蓄積により位置を変える
  x += random(-4, 4);
  y += random(-1, 1);

  // 首の長さを変える
  neckHeight = 80 + sin(angle) * 30;
  angle += 0.05;

  // 頭の高さを調整
  float ny = y - bodyHeight - neckHeight - radius;

  // 首
  stroke(255);
  line(x+2, y-bodyHeight, x+2, ny);
  line(x+12, y-bodyHeight, x+12, ny);
  line(x+22, y-bodyHeight, x+22, ny);

  // アンテナ
  line(x+12, ny, x-18, ny-43);
  line(x+12, ny, x+42, ny-99);
  line(x+12, ny, x+78, ny+15);

  // 胴体
  noStroke();
  fill(255, 204, 0);
  ellipse(x, y-33, 33, 33);
  fill(0);
  rect(x-45, y-bodyHeight, 90, bodyHeight-33);
  fill(255, 204, 0);
  rect(x-45, y-bodyHeight+17, 90, 6);

  // 頭
  fill(0);
  ellipse(x+12, ny, radius, radius);
  fill(255);
  ellipse(x+24, ny-6, 14, 14);
  fill(0);
  ellipse(x+24, ny-6, 3, 3);
}
```

9
関数
Functions

関数はProcessingプログラムの基本的な構成要素です。これまでに紹介したほぼすべてのプログラムで使われています。size()、line()、fill()といった関数は何度も登場しました。この章では新しい関数を作ってProcessingの能力をさらに拡張する方法を説明します。

関数はLEGOブロックに似ています。それぞれのブロックは固有の役割を持っていて、複雑なモデルを作るときは、役割の異なるブロックをいくつもつなぎあわせます。単独ではなく、組み合わせて使うことが前提になっている点は関数も同じです。また、ブロックは再利用が可能で、1セットの部品からたくさんの形が生まれます。宇宙船の製造に使ったブロックでトラックや高層ビルを組み立てることができます。関数の真価も、部品化されたコードの再利用にあるといっていいでしょう。

少し複雑な図形、たとえば木を何本も繰り返し描きたいとします。そういうときは関数を作って効率よく処理しましょう。まず、既存の機能(たとえばline)を使い、木を1本描くコードを書きます。それを新たな名前(たとえばtree)を持つ関数にまとめてしまえば、それ以降は新しい関数の名前を書くだけで、何本でも簡単に描くことができます。再度同じコードを書く必要はありません。また、関数には複雑なシーケンスを抽象化する働きがあり、line()関数で木の形を作るといった実装の詳細ではなく、「木を描く」というより高いレベルの思考に集中することが可能になります。

関数の基礎

コンピュータはプログラムを1行ずつ実行します。関数を実行するとき、コンピュータはまずその関数が定義されている部分へジャンプし、関数内のコードを実行してから、もう一度ジャンプして元の場所へ戻ってきます。

Example 9-1：サイコロを振る

関数のふるまいをrollDice()という例題を通じて見ていきましょう。プログラムがスタートすると、すぐにsetup()内のコードが実行されます。setup()内ではrollDice()が複数回呼び出されていますが、そのたびにプログラムは回り道をしてrollDice()関数に飛び、そのなかのコードが実行されます。setup()内のコードがすべて実行されると、このプログラムは停止します。

```
void setup() {
  println("Ready to roll!");
  rollDice(20);
  rollDice(20);
  rollDice(6);
  println("Finished.");
}

void rollDice(int numSides) {
  int d = 1 + int(random(numSides));
  println("Rolling... " + d);
}
```

rollDice()関数の2行のコードは1からnumSidesの間の乱数をコンソールに表示します。この乱数はサイコロを振って出た目を意味していて、プログラムを実行するたびに違う数字が表示されます。

```
Ready to roll!
Rolling... 20
Rolling... 11
Rolling... 1
Finished.
```

setup()内でrollDice()が呼び出されるたびに、関数内のコードが上から下へ実行され、またsetup()に戻って次の行へ処理が移ります。

random()関数は0より大きく、パラメータとして指定した数より小さい数を返します。たとえば、random(6)と指定した場合は0以上6未満の数です。データ型がfloatなので、結果は5.99999...のようなサイコロらしくない数(浮動小数点数)になり、0が出てしまう可能性もあります。そこで、int()を使って整数にコンバートしてから、さらに1を足して1、2、3、4、5、6のうちのどれかを得ています。random()の結果が0から始まるのは、本書の他の例でも示されているように、そのほうが計算に使いやすいからです。

Example 9-2：もうひとつの振り方

同様のプログラムをrollDice()関数を使わずに書くと、こんなふうになるでしょう。

```
void setup() {
  println("Ready to roll!");
  int d1 = 1 + int(random(20));
  println("Rolling... " + d1);
  int d2 = 1 + int(random(20));
  println("Rolling... " + d2);
  int d3 = 1 + int(random(6));
  println("Rolling... " + d3);
  println("Finished.");
}
```

rollDice()関数を使ったExample 9-1のコードのほうが読みやすく、メンテナンスも容易です。一方で、setup()のなかにrandom()関数が並んでいるこの例のようなプログラムは、わかりやすいとはいえません。

関数を使うと、その名前が目的を説明してくれるので、プログラムが明確になります。サイコロの面数を表す6という数字も理解を助けてくれます。rollDice(6)というコードを見れば、6面体のサイコロを振る、という機能を示していることは明らかです。Example 9-1のほうがメンテナンスしやすい理由をもうひとつあげましょう。2つ目のプログラムには"Rolling..."というフレーズが3回も出てきます。もし、この表記を変えたくなったら3か所を修正する必要がありますが、関数化されていれば1か所直すだけで済みます。関数を使ってプログラムを短くすることは、バグが発生する可能性を小さくすることにもつながります。

関数を作る

ここからは、関数の作り方を、フクロウを描きながら、ステップごとに説明します。

Example 9-3：フクロウを描く

まずはじめに、関数を作らずに描いてみましょう。

```
void setup() {
  size(480, 120);
}

void draw() {
  background(176, 204, 226);
  translate(110, 110);
  stroke(138, 138, 125);
  strokeWeight(70);
  line(0, -35, 0, -65);                    // 胴体
  noStroke();
  fill(255);
  ellipse(-17.5, -65, 35, 35);             // 左目のまわり
  ellipse(17.5, -65, 35, 35);              // 右目のまわり
  arc(0, -65, 70, 70, 0, PI);              // あご
  fill(51, 51, 30);
  ellipse(-14, -65, 8, 8);                 // 左目
  ellipse(14, -65, 8, 8);                  // 右目
  quad(0, -58, 4, -51, 0, -44, -4, -51);   // くちばし
}
```

描画を始める前に、translate()で座標(0, 0)を右に110ピクセル、下に110ピクセル移動します。フクロウの絵は(0, 0)を基準に描かれ、座標の指定には負の値と正の値の両方が使われます。

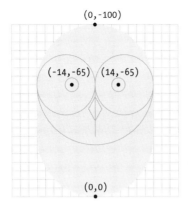

図9-1 フクロウの座標

> **Example 9-4：2羽のフクロウ**

Example 9-3の描き方は、フクロウが1羽だけなら合理的です。しかし、もう1羽描くと、コードはほとんど倍の長さになってしまいます。

```
void setup() {
  size(480, 120);
}
void draw() {
  background(176, 204, 226);

  // 左のフクロウ
  translate(110, 110);
  stroke(138, 138, 125);
  strokeWeight(70);
  line(0, -35, 0, -65);        // 胴体
  noStroke();
```

134　　Processingをはじめよう｜関数

```
  fill(255);
  ellipse(-17.5, -65, 35, 35); // 左目のまわり
  ellipse(17.5, -65, 35, 35);  // 右目のまわり
  arc(0, -65, 70, 70, 0, PI);  // あご
  fill(51, 51, 30);
  ellipse(-14, -65, 8, 8);     // 左目
  ellipse(14, -65, 8, 8);      // 右目
  quad(0, -58, 4, -51, 0, -44, -4, -51); // くちばし

  // 右のフクロウ
  translate(70, 0);
  stroke(138, 138, 125);
  strokeWeight(70);
  line(0, -35, 0, -65);        // 胴体
  noStroke();
  fill(255);
  ellipse(-17.5, -65, 35, 35); // 左目のまわり
  ellipse(17.5, -65, 35, 35);  // 右目のまわり
  arc(0, -65, 70, 70, 0, PI);  // あご
  fill(51, 51, 30);
  ellipse(-14, -65, 8, 8);     // 左目
  ellipse(14, -65, 8, 8);      // 右目
  quad(0, -58, 4, -51, 0, -44, -4, -51); // くちばし
}
```

このプログラムの21行目から34行目は、最初のフクロウのコードをカット&ペーストし、右に70ピクセル移動する`translate()`を追加しただけです。この退屈かつ非効率な方法で3羽目を描くことを考えると、頭痛がしてきます。コードの複製はやめましょう。この状況は、関数が解決してくれます。

Example 9-5：フクロウ関数

1つのコードで2羽のフクロウを描くために、関数を導入します。フクロウを描くコードを関数に入れてしまえば、そのコードはもうプログラム中に一度しか現れません。

```
void setup() {
  size(480, 120);
}

void draw() {
  background(176, 204, 226);
  owl(110, 110);
  owl(180, 110);
}

void owl(int x, int y) {
  pushMatrix();
  translate(x, y);
  stroke(138, 138, 125);
  strokeWeight(70);
  line(0, -35, 0, -65);        // 胴体
  noStroke();
  fill(255);
  ellipse(-17.5, -65, 35, 35); // 左目のまわり
  ellipse(17.5, -65, 35, 35);  // 右目のまわり
  arc(0, -65, 70, 70, 0, PI);  // あご
  fill(51, 51, 30);
  ellipse(-14, -65, 8, 8);     // 左目
  ellipse(14, -65, 8, 8);      // 右目
  quad(0, -58, 4, -51, 0, -44, -4, -51); // くちばし
  popMatrix();
}
```

Example 9-4とこの例の出力画像を見てください。まったく同じです。しかし、コードはこの例のほうが短くなっています。owl()という適切な名前を与えられた関数に、フクロウを描くコードがまとめられているからです。そのコードはdraw()から2回呼び出されるので、2回実行されます。呼び出しの際、2つのパラメータ(x座標とy座標)を関数に渡し

ています。これにより、2羽のフクロウが異なる位置に表示されます。

　パラメータは関数に柔軟性を与える大事な要素です。rollDice()関数にもパラメータが1つありました。サイコロの面数を表すnumSidesという名前のパラメータで、6面体なら6、20面体なら20と指定しました。この値を変えるだけで、どんな面数のサイコロも実現可能です。こうした柔軟性はProcessingの他の関数にも見られます。たとえば、line()関数はパラメータしだいで画面上のあらゆる2点間に線を引くことができます。もしこのパラメータがなかったら、たった1種類の線しか引けませんね。

　このプログラムでowl()関数は2回実行されますが、1回目のパラメータxの値は110、2回目は180となっている点に注意してください。関数に渡すパラメータによって、その関数のなかの変数の値が置き換えられます。1つのコードが毎回異なる初期値で実行されるわけです。

　各パラメータには、intやfloatといったデータ型があります。関数で定義されているパラメータの型と、関数に渡す値の型が一致していることを確認してください。もし、Example 9-5で次のようなコードを実行すると、エラーになります。

```
owl(110.5, 120.2);
```

　その理由は、xパラメータとyパラメータはint型なのに対し、110.5と120.2はfloat型なのでマッチしないからです。

> **Example 9-6：人口増加**

　フクロウを好きな位置に描く関数ができあがりました。この関数をforループと組み合わせて、効率良くたくさんのフクロウを描いてみましょう。owl()関数の第1パラメータを変更するだけで、うまく機能します。

```
void setup() {
  size(480, 120);
}

void draw() {
  background(176, 204, 226);
```

```
      for (int x = 35; x < width + 70; x += 70) {
        owl(x, 110);
      }
    }

    // ここに Example 9-5 の owl() 関数を挿入してください
```

もっといろいろな形のフクロウを描くために、owl()関数のパラメータを増やすことができます。たとえば、大きさ、傾き、色、目のサイズを変更するパラメータが考えられます。

Example 9-7：いろんな大きさのフクロウたち

この例では、2つのパラメータを追加します。フクロウたちの色（グレースケール）と大きさを変えてみましょう。

```
    void setup() {
      size(480, 120);
    }

    void draw() {
      background(176, 204, 226);
      randomSeed(0);
      for (int i = 35; i < width + 40; i += 40) {
        int gray = int(random(0, 102));
        float scalar = random(0.25, 1.0);
        owl(i, 110, gray, scalar);
      }
    }

    void owl(int x, int y, int g, float s) {
      pushMatrix();
      translate(x, y);
```

```
    scale(s);                        // 大きさ
    stroke(138-g, 138-g, 125-g);    // 色をセット
    strokeWeight(70);
    line(0, -35, 0, -65);           // 胴体
    noStroke();
    fill(255);
    ellipse(-17.5, -65, 35, 35);    // 左目のまわり
    ellipse(17.5, -65, 35, 35);     // 右目のまわり
    arc(0, -65, 70, 70, 0, PI);     // あご
    fill(51, 51, 30);
    ellipse(-14, -65, 8, 8);        // 左目
    ellipse(14, -65, 8, 8);         // 右目
    quad(0, -58, 4, -51, 0, -44, -4, -51); // くちばし
    popMatrix();
}
```

値を返す

　関数は計算結果を呼び出し元のプログラムに返すことができます。これまでに使った関数のなかでは、random()やsin()などが該当します。関数からの値は変数に代入することが多いでしょう。

　次のコードは、random()が返す1から10の間の値を変数rに代入します。

```
    float r = random(1, 10);
```

値を返す関数を、別の関数のパラメータとして使用することもよくあります。

```
    point(random(width), random(height));
```

　この例では、random()の値を変数に入れる代わりに、point()関数へパラメータとして渡し、描画に利用しています。

Example 9-8：値を返す

　これまでに定義した関数はどれも、関数名の前にvoidというキーワードがついていました。値を返す関数を作るときは、voidの代わりにその関数が返す値のデータ型を書きます。関数のなかには、返すデータを指定するreturn文があります。次の例の関数calculateMars()は火星表面における体重を計算し、その結果を返します。

```
void setup() {
  float yourWeight = 132;
  float marsWeight = calculateMars(yourWeight);
  println(marsWeight);
}

float calculateMars(float w) {
  float newWeight = w * 0.38;
  return newWeight;
}
```

　この関数は浮動小数点数を返すので、関数名の前にはfloatがあります。ブロックの最終行は変数newWeightを返すという意味です。setup()の2行目で、その値は変数marsWeightに代入されます。コードを修正して自分の火星体重を調べてみましょう。

Robot 7: Functions

　見た目は4章のRobot 2と同じですが、このロボットは関数を使って1つのコードを4回実行することで描かれています。drawRobot()関数はdraw()内で4回呼ばれ、毎回異なるパラメータが渡されて、位置や形に変化が生じます。

　Robot 2のプログラムでは冒頭で宣言されていたradiusやbodyHeightといった変数は、この例ではすべてdrawRobot()ブロックのなかだけに存在します。いつも同じ値のradiusについては、パラメータとして渡されることもなく、ブロック内で定義されています。

```
void setup() {
  size(720, 480);
  strokeWeight(2);
  ellipseMode(RADIUS);
}

void draw() {
  background(0, 153, 204);
  drawRobot(120, 420, 110, 140);
  drawRobot(270, 460, 260, 95);
  drawRobot(420, 310, 80, 10);
  drawRobot(570, 390, 180, 40);
}
```

141

```
void drawRobot(int x, int y, int bodyHeight, int neckHeight) {

  int radius = 45;
  int ny = y - bodyHeight - neckHeight - radius;   // 首の高さY

  // 首
  stroke(255);
  line(x+2, y-bodyHeight, x+2, ny);
  line(x+12, y-bodyHeight, x+12, ny);
  line(x+22, y-bodyHeight, x+22, ny);

  // アンテナ
  line(x+12, ny, x-18, ny-43);
  line(x+12, ny, x+42, ny-99);
  line(x+12, ny, x+78, ny+15);

  // 胴体
  noStroke();
  fill(255, 204, 0);
  ellipse(x, y-33, 33, 33);
  fill(0);
  rect(x-45, y-bodyHeight, 90, bodyHeight-33);
  fill(255, 204, 0);
  rect(x-45, y-bodyHeight+17, 90, 6);

  // 頭
  fill(0);
  ellipse(x+12, ny, radius, radius);
  fill(255);
  ellipse(x+24, ny-6, 14, 14);
  fill(0);
  ellipse(x+24, ny-6, 3, 3);
  fill(153, 204, 255);
  ellipse(x, ny-8, 5, 5);
  ellipse(x+30, ny-26, 4, 4);
  ellipse(x+41, ny+6, 3, 3);
}
```

10
オブジェクト
Objects

オブジェクト指向プログラミングは新たな思考法です。言葉の印象から難解に感じるかもしれませんが心配はいりません。実はもうすでにあなたはオブジェクトを使ったプログラミングを体験済みで、7章以降で登場したPImage、PFont、String、PShapeの正体はオブジェクトなのです。boolean、int、floatといった1つの値しか記憶できないプリミティブなデータ型と違い、オブジェクトはたくさんの値を持つことができます。複数の変数とそれに関連する関数を集約することで、より理解しやすいパッケージとして扱えるようになります。

オブジェクトはアイデアを小さな単位に分解する重要な役割を持っています。コードが複雑になってきたら、小さな構造物を積み重ねて大きな構造にすることを考えてください。小規模な理解しやすいコードを組み合わせるほうが、ひとかたまりの大きなコードでなんでもやろうとするよりも、書くのもメンテナンスも容易なのです。このことは自然の摂理を反映しています。動物の器官は組織からなり、組織は細胞からなり、細胞は……というように、自然界の複雑な構造は、より小さな構造の集合体です。

フィールドとメソッド

　オブジェクトは関連しあう変数と関数の集合体です。オブジェクト指向プログラミングの文脈では、変数はフィールド（またはインスタンス変数）、関数はメソッドと呼ばれます。フィールドとメソッドは変数と関数のように働きますが、オブジェクトの一部であることを強調するために、こう呼ばれます。オブジェクトはデータと命令を結び付けたものと見なすこともできます。関連しあうデータと、それに働きかける命令やふるまいを1つにまとめて扱うのがオブジェクト指向の基本的なアイデアです。

　実世界のものごとをオブジェクトで表現するためには、それを特徴づけるフィールドと、フィールドに作用するメソッドを見つける必要があります。ラジオを例に考えると、両者は次のようになるでしょう。

フィールド：volume（音量）、frequency（周波数）、band（AM/FM）、power（電源）
メソッド：setVolume、setFrequency、setBand

　こうした分析や設計のことをモデリングといいます。ラジオのようにシンプルな機械をモデリングすることは、アリや人間といった生物のモデリングよりも簡単です。そうした複雑な生物をいくつかのフィールドとメソッドに単純化することはおよそ不可能ですが、人の関心を引くシミュレーションを作ることが目的ならモデル化は十分可能でしょう。ビデオゲームのThe Simsは良い例のひとつです。プレイヤーは画面のなかで日常生活をおくる疑似人間たちを操って遊びます（中毒性のあるゲームです）。疑似人間はゲームが成り立つ程度に複雑な「性格」を持っていますが、それ以上のものではありません。ゲーム中の性格分けはたったの5種類で、きれい好き、社交的、活発、遊び好き、快活という5つの属性をもとに決定されます。

　対象が複雑な生命体であっても、高度に簡略化されたモデルを作ることは可能です。たとえば、アリのプログラムをわずかなフィールドとメソッドから作り始めることもできるでしょう。

フィールド：type（働きアリ、兵隊アリ）、weight（体重）、length（体長）
メソッド：walk（歩く）、pinch（挟む）、releasePheromones（フェロモンを放つ）、eat（食べる）

アリを表現するフィールドとメソッドのリストを1つ作ったら、改めて別の視点からも捉え直してみるといいでしょう。ゴールへ向かう道は1本だけではありません。

クラスを定義する

オブジェクトを作る前にクラスを定義する必要があります。クラスはオブジェクトの仕様書です。建築をたとえに使うと、クラスは家の設計図、オブジェクトは家そのもののことです。あくまでも設計図は仕様を定めたもので、施工の詳細ではありません。設計図は共通でも、ある家の屋根は青で、別の家は赤ということがあり得ます。オブジェクトも同様で、データ型やふるまいがクラスで定義されていて、個々のオブジェクト(家)が1つのクラス(設計図)からできていたとしても、変数(屋根の色)には違う値(赤や青)がセットされるかもしれません。同じことをテクニカルタームを使って言い直すと、各オブジェクトはあるクラスのインスタンスであり、各インスタンスはそれぞれ自分のフィールドとメソッドを持っている、となります。

クラスを書き始める前に、簡単な計画を立てることをおすすめします。そのクラスはどんなフィールドとメソッドを備えているべきでしょうか。頭のなかで少しブレインストーミングをして選択肢を思い浮かべ、優先順位を付けて、もっともうまくいきそうなやり方に見当をつけます。もちろんプログラミングの途中で変更することも可能ですが、良いスタートを切ることが大事です。

フィールドには明解な名前を付け、データ型を決定します。クラス内のフィールドにはすべてのデータ型が使え、同時に何種類あってもかまいません(boolean、float、String……)。複数の関連データを集約することが、クラスを作る理由のひとつであることを覚えておきましょう。メソッドについても、明解な名前と返す値の型を決めます。メソッドの役目はフィールドの中身を変更し、フィールドの値に基づいてアクションを起こすことです。

乱数の説明に使ったExample 8-9をクラスに書き直してみましょう。まず、フィールドのリストを作ることから始めます。

```
float x
float y
int diameter
float speed
```

次に、どんなメソッドがあったら便利なクラスになるかを考えます。draw()ブロックのコードを見ると、位置の更新と表示という2つの機能があるようです。そのまま2つのメソッドとしてクラスに加えます。

```
void move()
void display()
```

どちらのメソッドも型は void で、値を返さないことを示しています。フィールドとメソッドのリストができたら、それをもとにクラスを書きます。次のような順番で進めていきましょう。

1. ブロックを作成
2. フィールドの追加
3. コンストラクタの作成とフィールドへの代入
4. メソッドの追加

最初はブロックの作成です。

```
class JitterBug {

}
```

class は小文字、JitterBug は大文字で始まっている点に注意してください。クラス名を大文字始まりにすることは義務ではありませんが、そうするのが慣例になっています（私たちも強く推奨します）。大文字にするとクラス名であることがわかりやすくなるからです。キーワード class は言語仕様により小文字と決まっています。

2ステップ目はフィールドの追加です。このときコンストラクタで値を代入するフィールドを決めます。おおざっぱに言うと、オブジェクトごとに値が違うならコンストラクタで代入し、そうでなければ型の宣言と同時に初期値をセットします。JitterBug クラスの場合、x、y、diameter の各フィールドはコンストラクタ内で代入することにしました。

```
class JitterBug {
  float x;
  float y;
  int diameter;
  float speed = 0.5;
}
```

3ステップ目はコンストラクタの追加です。コンストラクタはクラスと同じ名前で、その役割はオブジェクト（インスタンス）が作られるときにフィールドの初期値を代入することです（148ページの図10-1）。コンストラクタのなかのコードは、オブジェクトの生成時に一度だけ実行されます。フィールドを定義するときに決めたとおり、初期化の際、3つのパラメータが渡されます。それぞれの値は、コンストラクタの実行中だけ存在する一時的な変数に代入されますが、そのことを明確にするため、変数名に「仮」を意味する temp を付けました。一部のフィールドに値を渡すだけなので、どんな名前でもかまいません。コンストラクタにはデータ型を付けません（値は返しません）。コンストラクタを追加したコードは次のようになります。

```
class JitterBug {

  float x;
  float y;
  int diameter;
  float speed = 0.5;

  JitterBug(float tempX, float tempY, int tempDiameter) {
    x = tempX;
    y = tempY;
    diameter = tempDiameter;
  }

}
```

最後のステップはメソッドの追加です。この作業は簡単に感じるかもしれません。クラスのなかという違いはありますが、関数を書くのに似ています。メソッドを書くときは、行頭のスペース（インデント）に注意しましょう。クラス内の各行は、ブロックのなかにあることがすぐわかるように一段下げて書きます。コンストラクタのなかのコードは、階層構造を反映して、倍の幅のインデントです。

```
class JitterBug {

  float x;
  float y;
  int diameter;
  float speed = 2.5;

  JitterBug(float tempX, float tempY, int tempDiameter) {
    x = tempX;
    y = tempY;
    diameter = tempDiameter;
  }

  void move() {
    x += random(-speed, speed);
    y += random(-speed, speed);
  }
```

```
  void display() {
    ellipse(x, y, diameter, diameter);
  }

}


Train red, blue;

void setup() {
  size(400, 400);
  red = new Train("Red Line", 90);
  blue = new Train("Blue Line", 120);
}

class Train {
  String name;
  int distance;
  Train (String tempName, int tempDistance) {
    name = tempName;
    distance = tempDistance;
  }
}
```

redオブジェクトのnameに
"RedLine"を代入する

redオブジェクトのdistanceに
90を代入する

```
Train red, blue;

void setup() {
  size(400, 400);
  red = new Train("Red Line", 90);
  blue = new Train("Blue Line", 120);
}

class Train {
  String name;
  int distance;
  Train (String tempName, int tempDistance) {
    name = tempName;
    distance = tempDistance;
  }
}
```

blueオブジェクトのnameに
"BlueLine"を代入する

blueオブジェクトのdistanceに
120を代入する

図10-1 オブジェクトのフィールドにセットされる値がコンストラクタへ渡される

オブジェクトの生成

クラスを定義したら、プログラムのなかで使ってみましょう。オブジェクトを作る2ステップは次のとおりです。

1. オブジェクト変数を宣言
2. newを使ってオブジェクトを生成（初期化）

> **Example 10-1: オブジェクトを作る**

はじめにオブジェクト生成の具体例となるスケッチを示し、そのあとで詳細を説明します。

```
JitterBug bug;  // オブジェクトを宣言

void setup() {
  size(480, 120);
  // オブジェクトを生成し、パラメータを渡す
  bug = new JitterBug(width/2, height/2, 20);
}

void draw() {
  bug.move();
  bug.display();
}

class JitterBug {

  float x;
  float y;
  int diameter;
  float speed = 2.5;
```

```
    JitterBug(float tempX, float tempY, int tempDiameter) {
      x = tempX;
      y = tempY;
      diameter = tempDiameter;
    }

    void move() {
      x += random(-speed, speed);
      y += random(-speed, speed);
    }

    void display() {
      ellipse(x, y, diameter, diameter);
    }

  }
```

オブジェクト変数を宣言する方法は int や float といったプリミティブなデータ型の宣言に似ています。クラスがデータ型、オブジェクトが変数と考えれば、理解しやすいでしょう。左側にクラス名を書き、右側に変数名を書きます。

```
    JitterBug bug;
```

次に new を使ってオブジェクトを初期化します。メモリ上にオブジェクトのスペースが確保され、フィールドが作られます。コンストラクタの名前を new の右に書き、続けてコンストラクタへ渡すパラメータをカッコ内に並べます。

```
    bug = new JitterBug(width/2, height/2, 20);
```

パラメータの数(この例では3個)とそれぞれのデータ型は、コンストラクタのコードと一致している必要があります。

| Example 10-2：複数のオブジェクトを作る |

　Example 10-1に見慣れないコードがあったはずです。作成したオブジェクトのメソッドにアクセスするために、draw()のなかで点(.)を使っていました。この点はドット演算子と呼ばれ、オブジェクト名とそのフィールドやメソッドを連結します。その意味は次の例を見ると明らかになるでしょう。1つのクラスから生まれた2つのオブジェクトがあって、それぞれがjitとbugだとすると、jit.move()はjitのmove()メソッドを、bug.move()はbugのmove()メソッドを参照します。

```
JitterBug jit;
JitterBug bug;

void setup() {
  size(480, 120);
  jit = new JitterBug(width * 0.33, height/2, 50);
  bug = new JitterBug(width * 0.66, height/2, 10);
}

void draw() {
  jit.move();
  jit.display();
  bug.move();
  bug.display();
}

class JitterBug {

  float x;
  float y;
  int diameter;
  float speed = 2.5;
```

```
  JitterBug(float tempX, float tempY, int tempDiameter) {
    x = tempX;
    y = tempY;
    diameter = tempDiameter;
  }

  void move() {
    x += random(-speed, speed);
    y += random(-speed, speed);
  }

  void display() {
    ellipse(x, y, diameter, diameter);
  }

}
```

タブ機能

　クラス化はコードをモジュールとして扱うことです。クラスに加えた変更は、そのクラスから生成されるすべてのオブジェクトに反映されます。たとえば、JitterBugクラスに色や大きさのフィールドを追加して、それらにコンストラクタを通じて値を渡したり、setColor()やsetSize()といったメソッドを追加して値を変更することができます。関連する機能はすべてJitterBugクラスに集約されるので、別のスケッチで再利用するのも簡単です。

　ここでProcessing開発環境のタブ機能について説明しておきましょう（図10-2）。この機能を使うと長いコードが編集しやすくなり、管理も容易になります。クラスごとに新しいタブを用意することで再利用性が高まり、必要なコードを見つけやすくなります。新しいタブを作るときは、まずタブバーの右端の矢印ボタンをクリックしてメニューを表示し、そこから「New Tab」を選んでファイルの名前を入力します。JitterBugクラスのためにタブを作って、コードを変更してみましょう。

 スケッチフォルダに.pdeファイルが複数ある場合、それらは個別のタブとして表示されます。

```
class JitterBug {

  float x;
  float y;
  int diameter;
  float speed = 2.5;

  JitterBug(float tempX, float tempY, int tempDiameter) {
    x = tempX;
    y = tempY;
    diameter = tempDiameter;
  }

  void move() {
    x += random(-speed, speed);
    y += random(-speed, speed);
  }

  void display() {
    ellipse(x, y, diameter, diameter);
  }
}
```

図10-2 コードを複数のタブに分割すると管理がしやすくなります

Robot 8: Objects

オブジェクトはメソッド(関数)とフィールド(変数)を一体化したものです。この例に登場するロボットたちは、1つのRobotクラスによって定義されていますが、それぞれ違う形と位置の情報をフィールドとして持っています。ふわふわ上下に動くアニメーションは位置を更新し描画するメソッドによって実現されています。

setup()内で、bot1とbot2のxy座標と.svgファイルがパラメータとして定義されています。コンストラクタに渡された座標はパラメータtempXとtempYを経由してxposとyposというフィールドに代入されます。svgNameパラメータはロードするロボットの絵を指定するためのものです。コンストラクタで異なるパラメータを渡された2つのオブジェクト(bot1とbot2)は、それぞれ別の位置に別の姿で表示されます。

```
Robot bot1;
Robot bot2;

void setup() {
  size(720, 480);
  bot1 = new Robot("robot1.svg", 90, 80);
  bot2 = new Robot("robot2.svg", 440, 30);
}
```

```
void draw() {
  background(0, 153, 204);

  // ロボットその1を表示
  bot1.update();
  bot1.display();

  // ロボットその2を表示
  bot2.update();
  bot2.display();
}

class Robot {
  float xpos;
  float ypos;
  float angle;
  PShape botShape;
  float yoffset = 0.0;

  // コンストラクタで初期値をセット
  Robot(String svgName, float tempX, float tempY) {
    botShape = loadShape(svgName);
    xpos = tempX;
    ypos = tempY;
    angle = random(0, TWO_PI);
  }

  // フィールドを更新
  void update() {
    angle += 0.05;
    yoffset = sin(angle) * 20;
  }

  // ロボットを描画
  void display() {
    shape(botShape, xpos, ypos + yoffset);
  }
}
```

11

配列
Arrays

配列は変数のリストで、全変数が共通の名前を持ちます。配列を使うことで、たくさんの変数をいちいち名前を付けずに作ることができます。それによってコードが短く読みやすくなり、さらに更新がしやすくなります。

変数から配列へ

1つか2つのものを扱うのであれば、配列は不要です。配列によってプログラムが複雑になってしまうこともあります。配列が効果を発揮するのは要素がとても多い場合です。たとえば宇宙ゲームの画面に星々を表示するときや、データポイントがたくさんあるビジュアライゼーションを実装するときに有効でしょう。

> **Example 11-1: 変数がたくさん**

この例でやりたいことはExample 8-3と同じです。ただし、動かしたい図形は1個ではなく2個です。x座標を示す変数を1つ増やして対応しました。

```
float x1 = -20;
float x2 = 20;

void setup() {
  size(240, 120);
  noStroke();
}

void draw() {
  background(0);
  x1 += 0.5;
  x2 += 0.5;
  arc(x1, 30, 40, 40, 0.52, 5.76);
  arc(x2, 90, 40, 40, 0.52, 5.76);
}
```

Example 11-2:変数が多すぎる

先ほどの例では登場する図形は2個なのでまだ大丈夫ですが、5個ならどうでしょう？さらに3個、変数を追加することで対応したのが次のスケッチです。

```
float x1 = -10;
float x2 = 10;
float x3 = 35;
float x4 = 18;
float x5 = 30;

void setup() {
  size(240, 120);
  noStroke();
}

void draw() {
  background(0);
  x1 += 0.5;
  x2 += 0.5;
  x3 += 0.5;
  x4 += 0.5;
  x5 += 0.5;
  arc(x1, 20, 20, 20, 0.52, 5.76);
  arc(x2, 40, 20, 20, 0.52, 5.76);
  arc(x3, 60, 20, 20, 0.52, 5.76);
  arc(x4, 80, 20, 20, 0.52, 5.76);
  arc(x5, 100, 20, 20, 0.52, 5.76);
}
```

そろそろ手に負えなくなってきました。

Example 11-3：変数から配列に

一気に5個から3,000個へ増やすことを考えてみましょう。これまでの方法では3,000個の変数を作り、3,000回更新を行うことになります。そんなにたくさんの変数を管理できますか？ 変数の代わりに配列を使うべきです。

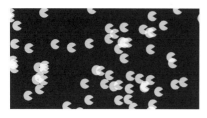 

```
float[] x = new float[3000];

void setup() {
  size(240, 120);
  noStroke();
  fill(255, 200);
  for (int i = 0; i < x.length; i++) {
    x[i] = random(-1000, 200);
  }
}

void draw() {
  background(0);
  for (int i = 0; i < x.length; i++) {
    x[i] += 0.5;
    float y = i * 0.4;
    arc(x[i], y, 12, 12, 0.52, 5.76);
  }
}
```

配列のおかげでコードがすっきりしました。ここからは配列の作り方と使い方について詳しく説明します。

配列の作り方

配列のなかのそれぞれの項目は「要素」と呼ばれ、各要素の位置は「インデックス」で示されます。画面上の座標と同じようにインデックスも0から数えます。つまり、ある配列の最初の要素を示すインデックスは0、2つ目の要素は1です。要素が20個ある配列の最後の要素を示すインデックスは19になります。図11-1は配列の構造を説明するためのものです。

```
int[] years = { 1920, 1972, 1980, 1996, 2010 };
```

図 11-1 1個以上の変数が1つの名前を共有

配列と単一の変数の違いを見ていきましょう。xという整数型の変数を作るときはこうしました。

```
int x;
```

配列として宣言するときは、データ型の後ろに角カッコを付けます。

```
int[] x;
```

変数の数が2個でも、10個でも、100,000個でも、1行のコードで作れてしまうのが配列の美しいところです。次のコードは、2,000個の整数からなる配列を作ります。

```
int[] x = new int[2000];
```

Processingのデータ型はどれでも配列にすることができます。boolean、float、String、PShapeなどはもちろん、ユーザーが定義したクラスも同様です。次のコードは32個のPImage変数からなる配列を作ります。

```
PImage[] images = new PImage[32];
```

配列を作るときは、まず角カッコ付きのデータ型を書き、続いて自分が選んだ変数名、代入演算子(=)、newキーワード、そしてもう一度データ型を書いて、最後に数字を角カッコで囲みます。このパターンは全データ型に共通です。

161

ある配列が格納できるデータ型は1種類だけです。複数のデータ型を混ぜることはできません。そうする必要があるときは、オブジェクトを使います。

先へ進む前に、もう一度配列の作り方を確認しておきましょう。

1. データ型を定義し、配列を宣言
2. newキーワードを使って配列を生成し、長さ(要素数)を定義
3. 各要素に値を代入

上記の3ステップは1行ずつ分けて書くことも、圧縮して1行にすることもできます。次の例で、2つの整数(2と12)を持つ配列xを作る方法を示しますが、同じことを3通りのテクニックを使って行います。setup()に入る前の段階で何をやっているかをよく見てください。

Example 11-4:配列の宣言と代入

最初にsetup()の外で配列を宣言し、setup()内でそれを生成して値を代入します。x[0]は1つ目の要素を、x[1]は2つ目の要素を参照しています。

```
int[] x;              // 配列を宣言

void setup() {
  size(200, 200);
  x = new int[2];     // 配列の生成
  x[0] = 12;          // 1つ目の値を代入
  x[1] = 2;           // 2つ目を代入
}
```

Example 11-5:コンパクトな作り方

配列の宣言と生成を同時に行って、少しコンパクトにした例です。値の代入はsetup()の中でしています。

```
int[] x = new int[2];   // 配列の宣言と生成

void setup() {
  size(200, 200);
  x[0] = 12;             // 1つ目の値を代入
```

```
    x[1] = 2;              // 2つ目を代入
  }
```

Example 11-6：一息に作る方法

配列の生成時に代入まで済ませることも可能です。1つの文ですべてを処理します。

```
  int[] x = { 12, 2 };   // 宣言、生成、代入

  void setup() {
    size(200, 200);
  }
```

 繰り返し実行されるdraw()のなかで配列を作らないように注意しましょう。動作が遅くなります。

Example 11-7：配列のおさらい

Example11-1を書き直して、完全な例を示します。ただし、これではまだ配列の利点をすべて生かしているとはいえません。

```
  float[] x = {-20, 20};

  void setup() {
    size(240, 120);
    noStroke();
  }

  void draw() {
    background(0);
    x[0] += 0.5;    // 1つ目の要素に加算
    x[1] += 0.5;    // 2つ目の要素に加算
    arc(x[0], 30, 40, 40, 0.52, 5.76);
    arc(x[1], 90, 40, 40, 0.52, 5.76);
  }
```

配列と繰り返し

4章で登場したforループを使うと、大きな配列の処理が簡単になり、コードも小さくまとめられます。要素を1個1個たどっていくループを書くというのが基本的な考え方で、そのためには配列の長さを知る必要があります。どの配列にもlengthというフィールドがあり、ドット演算子を使ってアクセスできます。

```
int[] x = new int[2];        // 配列の宣言と生成
println(x.length);           // コンソールに2が出力されます

int[] y = new int[1972];     // 配列の宣言と生成
println(y.length);           // 1972と出力されます
```

> **Example 11-8：forループで配列に値を満たす**

大きな配列に値を代入したいとき、あるいはその値を読み出したいときに、forループが役立ちます。この例では、setup()で乱数を代入し、draw()でその値を使って線を描きます。プログラムが実行されるたびに、新しい乱数のセットが配列に入ります。

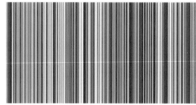

```
float[] gray;

void setup() {
  size(240, 120);
  gray = new float[width];
  for (int i = 0; i < gray.length; i++) {
    gray[i] = random(0, 255);
  }
}

void draw() {
  for (int i = 0; i < gray.length; i++) {
    stroke(gray[i]);
```

```
      line(i, 0, i, height);
    }
  }
```

Example 11-9：マウスを追跡する

この例には2つの配列が登場します。1つにはマウスのx座標、もう1つにはy座標が記録されます。配列には、常に過去60フレーム分のマウスのxy座標が残っていて、古い座標は新しい座標で置き換えられていきます。新しい座標を記録する前に、配列内の各要素を1つずつ前から後ろへずらすことで、常に最初の要素を新座標の記録場所として確保しています。フレームごとに60個の座標を描いて、配列の働きを視覚化します。

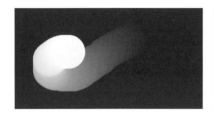 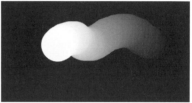

```
int num = 60;
int[] x = new int[num];
int[] y = new int[num];

void setup() {
  size(240, 120);
  noStroke();
}

void draw() {
  background(0);
  // 配列内の値を前から後ろへコピー
  for (int i = x.length-1; i > 0; i--) {
    x[i] = x[i-1];
    y[i] = y[i-1];
  }
  x[0] = mouseX;    // 最初の要素にセット
  y[0] = mouseY;
  for (int i = 0; i < x.length; i++) {
    fill(i * 4);
```

```
    ellipse(x[i], y[i], 40, 40);
  }
}
```

> 配列内の値をシフトすることでバッファとして使うテクニックを図11-2に示します。剰余演算子（%）を使うもっと効率的な方法については、開発環境に付属する例（File→Examples→Basics→Input→StoringInput）を参考にしてください。

152	141	129	127	118
0	1	2	3	4

最初の状態

152	141	129	127	127
0	1	2	3	4

ループ開始
最後から2番目の値を最後にコピー

152	141	129	129	127
0	1	2	3	4

ループの2ステップ目
要素2から要素3へコピー

152	141	141	129	127
0	1	2	3	4

ループの3ステップ目
要素1から要素2へコピー

152	152	141	129	127
0	1	2	3	4

ループの最後
要素0から要素1へコピー

158	152	141	129	127
0	1	2	3	4

新しいmouseXの値を要素0の位置にコピー

図11-2 配列内の値を右へシフト

オブジェクトの配列

本書では、変数、繰り返し、分岐、関数、オブジェクト、配列といったプログラミングに欠かせない概念を取り上げてきました。次の例で、これらの概念すべてを組み合わせてみましょう。

「オブジェクトの配列」がこれまで説明した配列と違うのは、配列の要素として割り当てる前にnewを実行する必要がある点です。PImageのようなビルトインクラスの場合は、loadImage()などの関数を使って作成し、割り当てます。

> **Example 11-10**：多数のオブジェクトを管理

33個のJitterBugオブジェクトを生成し、draw()内ですべて表示します。前の章で使ったJitterBugクラスのコードを追加してから実行してください。

```
JitterBug[] bugs = new JitterBug[33];

void setup() {
  size(240, 120);
  for (int i = 0; i < bugs.length; i++) {
    float x = random(width);
    float y = random(height);
    int r = i + 2;
    bugs[i] = new JitterBug(x, y, r);
  }
}
```

```
void draw() {
  for (int i = 0; i < bugs.length; i++) {
    bugs[i].move();
    bugs[i].display();
  }
}

// ここにJitterBugクラスをコピーしてください
```

次の例では、PImageオブジェクトの配列の要素として、一連の画像を読み込みます。

Example 11-11: 新しいオブジェクト管理の方法

オブジェクトの配列を扱うときに便利な「拡張forループ」という機能を紹介します。Example 11-10のように変数をカウンタとして使うのが普通のforループでした。拡張forループでは、カウンタ変数の代わりに配列をfor文に直接渡してしまいます。

次のスケッチはJitterBugオブジェクトの配列(bugs)を拡張forループで処理する例です。配列中のオブジェクトは順番にbという変数に渡され、ループ内ではこのbを使ってmode()メソッドとdisplay()メソッドが実行されます。

拡張forループは、カウンタを使う普通のforループよりもすっきりしたコードになることが多いものです。そう言いながら、この例のsetup()では普通のforループを使いましたが、これは変数iを計算に利用したかったからです。どちらの方法にも利点があるので、目的に合う書き方を選びましょう。

```
JitterBug[] bugs = new JitterBug[33];

void setup() {
  size(240, 120);
  for (int i = 0; i < bugs.length; i++) {
    float x = random(width);
    float y = random(height);
    int r = i + 2;
    bugs[i] = new JitterBug(x, y, r);
  }
}

void draw() {
  for (JitterBug b : bugs) {
    b.move();
```

```
      b.display();
    }
  }

  // ここにJitterBugクラス (Example 10-1)をコピーしてください
```

次は配列を使う最後の例です。PImageオブジェクトの配列を使って一連の画像を表示します。

Example 11-12: 画像のシーケンス

この例を実行する前に、6章で説明した方法でmedia.zipから画像ファイルを取得してください。ファイルにはframe-0000.png、frame-0001.png……と連番がふられていて、forループを使ってファイル名を指定しやすいようになっています。

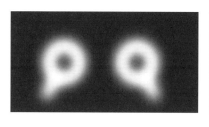
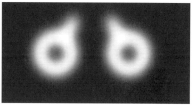

```
  int numFrames = 12;                              // フレームの数
  PImage[] images = new PImage[numFrames];         // 配列を作成
  int currentFrame = 1;

  void setup() {
    size(240, 120);
    for (int i = 0; i < images.length; i++) {
      String imageName = "frame-" + nf(i, 4) + ".png";
      images[i] = loadImage(imageName);            // 画像を読み込む
    }
    frameRate(24);
  }

  void draw() {
    image(images[currentFrame], 0, 0);
    currentFrame++;                                // 次のフレーム
    if (currentFrame == images.length) {
```

```
      currentFrame = 0;              // 最初のフレームへ
    }
  }
```

　nf()関数は数字のフォーマットを変更します。たとえば、nf(1, 4)とすると0001が、nf(11, 4)なら0011が返されます。こうして作られた文字をファイル名の先頭部(frame-)と拡張子(.png)につなぎ合わせることで、完全なファイル名を得ています。このファイル名を次の行で使い、配列に画像を読み込みます。draw()で表示する画像は1フレームにつき1つだけです。最後の画像を表示したら配列の先頭に戻るという処理によって、配列内のシーケンスは繰り返し表示されます。

Robot 9: Arrays

　この例のように、配列を使うとたくさんの図形が登場するプログラムをあっさりと実現できます。まずプログラムの冒頭でRobotオブジェクトの配列を宣言し、setup()でメモリを割り当てたあと、forループを使って初期化します。draw()では、別のforループを使って、bots配列の各要素を更新し、表示します。

　配列とforループのコンビネーションは強力です。10章のRobot 8と比較すると、コードの違いはさほど大きくないのですが、実行結果を見た印象はかなり違うでしょう。配列を作ってforループで処理すれば、ロボットが3個でも3,000個でも、手間は同じです。

　SVGファイルの読み込みをRobotクラスではなくsetup()のなかで行っているところが、Robot 8からのもっとも大きな変更点です。そうすることで、ファイルの読み込みが1回だけで済み、起動時の処理時間を節約できます。また、全ロボットが1つのファイルを参照するので、メモリの節約にもなります。

```
Robot[] bots;  // Declare array of Robot objects

void setup() {
  size(720, 480);
  PShape robotShape = loadShape("robot2.svg");
  // Robotオブジェクトの配列を用意
  bots = new Robot[20];
  // 各オブジェクトを生成
```

```
  for (int i = 0; i < bots.length; i++) {
    // ランダムなx座標
    float x = random(-40, width-40);
    // y座標は順番に
    float y = map(i, 0, bots.length, -100, height-200);
    bots[i] = new Robot(robotShape, x, y);
  }
}

void draw() {
  background(0, 153, 204);
  // 配列内のオブジェクトを描画
  for (int i = 0; i < bots.length; i++) {
    bots[i].update();
    bots[i].display();
  }
}

class Robot {
  float xpos;
  float ypos;
  float angle;
  PShape botShape;
  float yoffset = 0.0;

  // コンストラクタ
  Robot(PShape shape, float tempX, float tempY) {
    botShape = shape;
    xpos = tempX;
    ypos = tempY;
    angle = random(0, TWO_PI);
  }

  // フィールドを更新
  void update() {
    angle += 0.05;
    yoffset = sin(angle) * 20;
  }
```

```
  // ロボットを画面に表示
  void display() {
    shape(botShape, xpos, ypos + yoffset);
  }
}
```

12
データ
Data

データビジュアライゼーションはプログラミングとグラフィックスが交差する領域で、Processing が好んで使われる分野でもあります。この章ではすでに学んだデータ処理の手法をベースに、ビジュアライゼーションに必要なデータセットの扱い方を説明します。

棒グラフや散布図といった一般的なビジュアライゼーションを提供するソフトウェアはたくさんあります。しかし、一からコードを書くほうがアウトプットをコントロールでき、ユーザーの想像力や冒険心を刺激するユニークなデータ表現を生み出すことにつながるはずです。そして、これこそが言いたいことなのですが、既製品の限界に制約されるよりProcessingを学ぶことのほうが面白いのです。

データ構造

本書で解説したデータの扱い方を振り返ってみます。

変数はProcessingスケッチで一片のデータを記録する方法でした。変数はプリミティブなデータを扱う方法と言い換えてもいいでしょう。たとえば、int型変数は整数を1個だけ格納します。浮動小数点数を扱うことはできませんし、2個のデータを1つの変数に入れることもできません。異なる種類のデータには、それに合ったデータ型の変数が必要です。そのために、floatやcharといった型が用意されています。

配列は1つの変数名を使って複数の要素を扱うためにあります。Example 11-8では、線の色を表す数百個の浮動小数点数を格納するために使いました。配列はどんな型の変数からも作れますが、格納できるデータ型は1種類だけです。2種類以上の型を1つのデータ構造として扱いたいときはクラスを使います。

PImage、PFont、PShape、Stringといったクラスも複数のデータ要素を格納します。たとえば、PImageはpixelsという配列とwidth、heightという変数を持っています。Stringは1文字、1語、1段落、1章……とどんな長さのテキストも記録でき、文字数を返したり小文字を大文字に変換するメソッドを備えています。

PImage、PShape、Stringクラスのオブジェクトは、dataフォルダのファイルを読み込むことができました。本章では、同じようにデータをファイルから読み込むことができる3つの新しいクラスを導入します。

Tableは表形式のデータを格納するためのクラスです。JSONObjectとJSONArrayはJSONフォーマットのデータを格納するためのクラスです。これらのクラスが扱うデータのフォーマットについては、後ほど詳しく説明します。

Tableクラスと表

行と列からなる表形式のデータセットを簡単に扱うためにTableクラスはあります。このクラスによって、Processingはファイルから表を読み込んだり、プログラムで表を直接作ることができます。そして、表計算ソフトを使ってするように、セルや行、列を読み書きしてデータを加工することができます。

	列				セル座標(x, y)
	0,0	1,0	2,0	3,0	
	0,1	1,1	2,1	3,1	行
	0,2	1,2	2,2	3,2	
	0,3	1,3	2,3	3,3	セル

図12-1 セルが縦横に並んだものが表。行(row)は横方向、列(column)は縦方向の並びを指し、個々のセル、行、列からデータを読み取ることができる

表形式のデータは、カンマやタブで区切られたプレーンテキストファイルとして保存されていることがあります。そのようなファイルをCSV(comma-separated values)ファイルといい、拡張子は".csv"です(タブで区切られている場合は".tsv"かもしれません)。

CSVファイルを読み込むときは、7章でやったように、まずそれをdataフォルダに置く必要があります。それから、loadTable()関数を使ってTableクラスのオブジェクトに読み込みます。

以下の例では、データの先頭数行しか掲載しません。コードは手で入力できる量ですが、データは膨大なので、本書のサンプルスケッチをインストールして(15ページ参照)、そのdataフォルダに入っているCSVファイルやJSONファイルを使いましょう。

次の例で使うデータは、ボストン・レッドソックスの選手David Ortizの1997年から2014年までの打撃成績を簡略化したもので、各行の数値は左から、年、本塁打数、打点、打率です。テキストエディタでCSVファイルを開くと、最初の5行は以下のようになっています。

```
1997,1,6,0.327
1998,9,46,0.277
1999,0,0,0
2000,10,63,0.282
2001,18,48,0.234
```

Example 12-1: 表を読む

　Processingにデータを読み込むために、まずstatsというオブジェクト名のTableクラスを生成します。次にloadTable()関数を使ってdataフォルダ内のortiz.csvを読み、続くforループで行ごとに処理していきます。繰り返しの回数はgetRowCount()メソッドで取得しています。18年分のデータがあるので、18回繰り返すことになります。

```
Table stats;

void setup() {
  stats = loadTable("ortiz.csv");
  for (int i = 0; i < stats.getRowCount(); i++) {
    // i行目、0列目の整数 (年) を取得
    int year = stats.getInt(i, 0);
    // i行目、1列目の整数 (本塁打数) を取得
    int homeRuns = stats.getInt(i, 1);
    // i行目、2列目の整数 (打点) を取得
    int rbi = stats.getInt(i, 2);
    // i行目、3列目の浮動小数点数 (打率) を取得
    float average = stats.getFloat(i, 3);
    println(year, homeRuns, rbi, average); // 出力
  }
}
```

　forループのなかでは、getInt()メソッドによって整数をint型の変数に、getFloat()メソッドによって浮動小数点数をfloat型の変数に代入しています。どちらのメソッドもパラメータは2つで、1つ目は行を、2つ目は列を指定するためのものです。ループの最後に置かれたprintln()関数が変数の内容をコンソールに出力して簡素な表ができあがります。

Example 12-2: 表からグラフを描く

　この例は前の例の発展形です。最初にhomeRunsという配列を生成し、setup()でデータを読み込んで、それをdraw()で使います。
　ループで必要となる配列の長さを得るために、homeRuns.lengthが何度も使われています。最初に登場するのはsetup()のなかで、CSV形式のデータから整数値(本塁打数)を取得して配列に代入する回数を得るのが目的です。2度目はグラフの目盛りを描くループ、3度目はデータに基づいて折れ線を描くループです。setup()内でTableクラスのオブジェクトから配列へデータを代入したあとは、11章で学んだ配列の知識が使えます。

下のグラフは、レッドソックスのDavid Ortizが1997年から2014年にかけて打ったホームランの数の推移です。

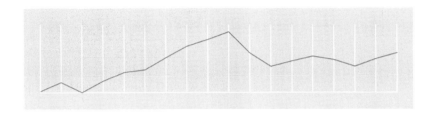

```
int[] homeRuns;

void setup() {
  size(480, 120);
  Table stats = loadTable("ortiz.csv");
  int rowCount = stats.getRowCount();
  homeRuns = new int[rowCount];
  for (int i = 0; i < homeRuns.length; i++) {
    homeRuns[i] = stats.getInt(i, 1);
  }
}

void draw() {
  background(204);
  // グラフの目盛りを描く
  stroke(255);
  line(20, 100, 20, 20);
  line(20, 100, 460, 100);
  for (int i = 0; i < homeRuns.length; i++) {
    float x = map(i, 0, homeRuns.length-1, 20, 460);
    line(x, 20, x, 100);
  }
  // 本塁打数のデータに基づいて折れ線グラフを描画
  noFill();
  stroke(204, 51, 0);
  beginShape();
  for (int i = 0; i < homeRuns.length; i++) {
    float x = map(i, 0, homeRuns.length-1, 20, 460);
    float y = map(homeRuns[i], 0, 60, 100, 20);
```

179

```
      vertex(x, y);
    }
    endShape();
  }
```

このくらいの規模のデータを扱うのに配列は必要ないかもしれませんが、もっと大規模なデータであっても同じ考え方で処理することができます。このスケッチを拡張するとしたら、縦軸(本塁打数)と横軸(年)の意味を説明するテキストを付けるとよりわかりやすくなるでしょう。

> **Example 12-3: 29,740の町**

データテーブルの威力をさらに活用するアイデアを示します。データセットは先ほどの例よりもずっと巨大です。

下に使用するデータファイル(cities.csv)の先頭5行を示します。1行目だけ明らかに違うデータになっていますね。これはヘッダーで、各列の内容を説明する見出しです。

```
zip,state,city,lat,lng
35004,AL,Acmar,33.584132,-86.51557
35005,AL,Adamsville,33.588437,-86.959727
35006,AL,Adger,33.434277,-87.167455
35007,AL,Keystone,33.236868,-86.812861
```

ヘッダーによってデータの意味がわかりやすくなります。左から、ZIPコード(郵便番号)、州名、市名、緯度、経度の順に並んでいて、2行目を例にとると、アラバマ州Acmarの郵便番号は35004で、北緯33.584132度、西経86.51557度に存在することがわかります。このファイルには29,741行のデータがあり、全米29,740市の情報が収録されています。

次のスケッチも、setup()で読み込んだデータをdraw()内のループで描画する構造です。setXY()関数は緯度と経度を画面上の座標に変換します。

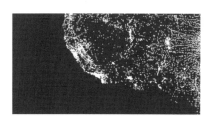

```
Table cities;

void setup() {
  size(240, 120);
  cities = loadTable("cities.csv", "header");
  stroke(255);
}

void draw() {
  background(0, 26, 51);
  float xoffset = map(mouseX, 0, width, -width*3, -width);
  translate(xoffset, -300);
  scale(10);
  strokeWeight(0.1);
  for (int i = 0; i < cities.getRowCount(); i++) {
    float latitude = cities.getFloat(i, "lat");
    float longitude = cities.getFloat(i, "lng");
    setXY(latitude, longitude);
  }
}

void setXY(float lat, float lng) {
  float x = map(lng, -180, 180, 0, width);
  float y = map(lat, 90, -90, 0, height);
  point(x, y);
}
```

> setup()内のloadTable()を見てください。"header"というキーワードがありますね。これを付けずに実行すると、CSVファイルの1行目も市のデータとして読み込んでしまいます。"header"を付けると、1行目を飛ばしてくれます。

　Tableクラスは行や列の追加と削除、検索、値の変更など、たくさんのメソッドを備えています。完全なメソッドのリストはProcessingリファレンスにあります。

JSON

　JSON（JavaScript Object Notation）はデータの交換に適した、広く使われているフォーマットです。
　まず実例を示しましょう。ある映画の情報をJSONフォーマットで記述するとしたら、次のように、タイトル、監督、公開年、レーティングといったデータを、コロンで区切られたラベルと値のペアにして並べていきます。

```
"title": "Alphaville"
"director": "Jean-Luc Godard"
"year": 1964
"rating": 7.2
```

　これだけではまだJSONとはいえません。ペアとペアの間にはカンマが必要です。さらに、映画ごとに波カッコで囲って次のようにすると、ちゃんと使えるJSONファイルとなります。

```
{
  "title": "Alphaville",
  "director": "Jean-Luc Godard",
  "year": 1964,
  "rating": 7.2
}
```

　タイトルと監督名はダブルクオートで囲まれているのに、公開年とレーティングの数字は囲まれていないのに気づいたでしょうか。ProcessingでStringとして扱われる文字列にはダブルクオートが必要です。数値には必要ありません。
　もう1本、映画を追加しましょう。それぞれの映画を波カッコで囲み、間にカンマを打ち、全体を角カッコで囲みます。これで2つのJSONオブジェクトを持つ配列を定義したことになります。

```
[
  {
    "title": "Alphaville",
    "director": "Jean-Luc Godard",
    "year": 1964,
    "rating": 7.2
  },
  {
    "title": "Pierrot le Fou",
```

```
      "director": "Jean-Luc Godard",
      "year": 1965,
      "rating": 7.7
    }
  ]
```

このパターンを繰り返していけば、もっとたくさんの映画について記録することができます。
ところで、いまJSON記法で表現したデータは表形式で表すことも可能です。CSVファイルとして記述すると、次のようになるでしょう。

```
title, director, year, rating
Alphaville, Jean-Luc Godard, 1964, 9.1
Pierrot le Fou, Jean-Luc Godard, 1965, 7.7
```

CSVの方が少ない文字数で表現できていますね。膨大なデータを扱うときは、この性質が重要になってきます。一方、JSONファイルにはラベルがあることで、人間にとっても読みやすいデータになっています。また、後述するように、表形式では表現しにくいもっと複雑なデータ構造を扱うときはJSONの方が便利です。

さて、JSONフォーマットの概要についてはこのくらいにして、実際にJSONファイルを読み込むスケッチを見てみましょう。

> **Example 12-4: JSONファイルを読む**

このスケッチで読み込むJSONファイル（film.json）に記録されているのはゴダールの映画1本だけで、その内容はコンソールに表示されます。

```
JSONObject film;

void setup() {
  film = loadJSONObject("film.json");
  String title = film.getString("title");
  String dir = film.getString("director");
  int year = film.getInt("year");
  float rating = film.getFloat("rating");
  println(title + " by " + dir + ", " + year);
  println("Rating: " + rating);
}
```

最初にJSONObjectクラスからfilmオブジェクトを作成し、JSONファイルの内容をそれにロードします。オブジェクトに格納されたデータは、順番に読み取ったり、ラベルを使って取得することができます。格納されているデータの型によって使うメソッドが違う点に注意してください。タイトルと監督名はgetString()メソッド、公開年はgetInt()、レーティングはgetFloat()を使って取得しています。

> **Example 12-5: JSONファイルのデータをビジュアライズ**

次は1960年から66年までのゴダール映画が記録されているJSONファイル(films.json)を使って、公開年の順にタイトルを表示してみましょう。その際、レーティングによって文字の濃さを変えます(高レーティングの映画は明るい色で表示されます)。

Example 12-4との最大の違いは、JSONファイルの内容が、スケッチ内で定義されているFilmクラスのオブジェクトに読み込まれる点です。個々の映画を表すJSONObjectのオブジェクトがFilmクラスのコンストラクタに渡されて、そこで然るべきフィールドに代入されます。JSONファイルを読み込む関数にloadJSONArray()という配列用のものが使われている点にも注意してください。

```
Film[] films;

void setup() {
  size(480, 120);
  JSONArray filmArray = loadJSONArray("films.json");
  films = new Film[filmArray.size()];
  for (int i = 0; i < films.length; i++) {
    JSONObject o = filmArray.getJSONObject(i);
    films[i] = new Film(o);
  }
}

void draw() {
  background(0);
  for (int i = 0; i < films.length; i++) {
```

```
      int x = i*32 + 32;
      films[i].display(x, 105);
    }
  }

  class Film {

    String title;
    String director;
    int year;
    float rating;

    Film(JSONObject f) {
      title = f.getString("title");
      director = f.getString("director");
      year = f.getInt("year");
      rating = f.getFloat("rating");
    }

    void display(int x, int y) {
      float ratingGray = map(rating, 6.5, 8.1, 102, 255);
      pushMatrix();
      translate(x, y);
      rotate(-QUARTER_PI);
      fill(ratingGray);
      text(title, 0, 0);
      popMatrix();
    }
  }
```

　この例はまだビジュアライゼーションの骨組みだけです。データを読み込んで描画する方法は理解できたはずなので、次はあなたが資料を見て気づいたことを伝えるためにこのスケッチを拡張してください。たとえば、映画名だけではなくゴダールがどの年に何本の映画を作ったかわかるようにしたり、他の映画監督との比較を試みると面白いかもしれません。また、もっと大きいウィンドウに違うフォントで表示するといった見やすさに関する改良も可能でしょう。これまでに本書で学んだテクニックを投入して、より洗練された表現を目指してください。

インターネット上のデータとAPI

　政府や企業などの組織あるいは個人によって収集された膨大なデータに対する開かれたアクセスは、私たちの文化を変容させつつあります。あらゆるデータがプライバシーのように秘蔵されている社会から、APIというソフトウェア構造を通じてたくさんのデータにアクセスできる状況へと変化しています。

　APIという略語はミステリアスで、アプリケーション・プログラミング・インタフェイスと言い換えても、わかりやすくはなりません。言葉の意味はさておき、APIの使い方に着目しましょう。それはそう難しくありません。要は、あるサービスに対してデータをリクエストする手段がAPIです。巨大すぎてコピーするのが困難なデータセットであっても、APIを経由することで、プログラマはそのデータを少しずつ引き出すことができます。

　より詳しく説明するために、架空のサービスをひとつ考えてみます。そのサービスには、ある国の全市町村の1972年からの気象データが揃っているとしましょう。プログラマは数行のコードを書いてサービスへ所定のフォーマットでリクエストを送ると、データベースにアクセスすることができます。その際に、どういうコードを書き、どのようなリクエストを送るべきかを規定しているのがAPIです。

　完全にパブリックなAPIもありますが、たいていはユーザーIDや認証キーを事前に取得してから使う決まりになっています。また、月に1000リクエストまで、とか、1秒間に1回だけ、といった利用制限を設けているサービスも多いです。

　コンピュータがインターネットにつながっていることが前提ですが、Processingはこうした APIへリクエストを送ることができます。URLにパラメータを埋め込んで送ると、CSV、TSV、JSONあるいはXMLフォーマットで結果が返ってくるのが一般的で、たとえば、次のURLによってシンシナティ市の現在の気象情報をJSON形式で取得できます。
http://api.openweathermap.org/data/2.5/find?q=Cincinnati&units=imperial

　このURLを解読すると、次のようなことがわかります。

1. リクエストはopenweathermap.orgという気象情報提供会社のホスト(api)に対するものです。
2. 検索したいエリアの名前(Cincinnati)をパラメータとして埋め込んでいます。
"q="はquery(問い合わせ)の意味。
3. データはimperialフォーマットで返信されます。ここでimperialとは温度を華氏で表すという意味で、摂氏で欲しい場合はmetricを指定します。

　先ほどは仮想のサービスを例に簡略化した説明をしましたが、このOpenWeatherMapは実在するWebサイトです[*1]。上記のリクエスト(URL)に対して返信されてくるJSONファイルは次のような内容となります。

```
{"message":"accurate","cod":"200","count":1,"list":[{"id":
4508722,"name":"Cincinnati","coord":{"lon":-84.456886,"lat":
39.161999},"main":{"temp":34.16,"temp_min":34.16,"temp_max":
34.16,"pressure":999.98,"sea_level":1028.34,"grnd_level":
999.98,"humidity":77},"dt":1423501526,"wind":{"speed":
9.48,"deg":354.002},"sys":{"country":"US"},"clouds":{"all":
80},"weather":[{"id":803,"main":"Clouds","description":"broken
clouds","icon":"04d"}]}]}
```

このJSONファイルに改行とインデントを入れて、読みやすくしたのが次のデータです。

```
{
  "message": "accurate",
  "count": 1,
  "cod": "200",
  "list": [{
    "clouds": {"all": 80},
    "dt": 1423501526,
    "coord": {
      "lon": -84.456886,
      "lat": 39.161999
    },
    "id": 4508722,
    "wind": {
      "speed": 9.48,
      "deg": 354.002
    },
    "sys": {"country": "US"},
    "name": "Cincinnati",
    "weather": [{
      "id": 803,
```

---

*1 訳注：2015年10月にOpenWeatherMapは規約を変更し、現在は事前にユーザー登録をしてアプリケーションID（APPID）を取得してからでないとAPIを利用できません。つまり、上記のURLではデータを取得することができず、エラーコードが返ってきます。登録をしてAPPIDを取得すれば使えますが、英語で利用規約などを理解するのは少し面倒かもしれません。代わりに、といってはなんですが、Yahoo! JAPANが提供している気象情報APIを検討してみてはどうでしょう。日本語の詳細な説明があり、初学者でも苦労せずに使えそうです。APPIDの取得は必要なものの、Yahooアカウントを持っていれば簡易な申請手続きだけですぐに使うことができます（訳者は10分間ほどの作業で最初のJSONファイルを取得することができました）。気象情報だけでなく機能豊富な地図のAPIも公開されています。興味のある方は下記のページを見てください。
Yahoo! Open Local Platform (http://developer.yahoo.co.jp/webapi/map/)

```
      "icon": "04d",
      "description": "broken clouds",
      "main": "Clouds"
    }],
    "main": {
      "humidity": 77,
      "pressure": 999.98,
      "temp_max": 34.16,
      "sea_level": 1028.34,
      "temp_min": 34.16,
      "temp": 34.16,
      "grnd_level": 999.98
    }
  }]
}
```

"list"と"weather"という2つのセクションには角カッコがあります。これはJSONオブジェクトの配列です。配列になっているのは、APIに複数のエリアや日付のデータがリクエストされた場合でも、それらを1つのJSONファイルで送るためです。

Example 12-6: 気温データを抽出する

データをよく見たら、次は最小限のコードを書いて欲しいデータを抽出してみましょう。ここでは温度を取得することにします。もう一度JSONファイルを見ると、"main"オブジェクト内の"temp"というラベルの行に34.16という数字がありますね。これが目的のデータです。これを取得するための関数getTemp()は次のように書けます。

```
void setup() {
  float temp = getTemp("cincinnati.json");
  println(temp);
}

float getTemp(String fileName) {
  JSONObject weather = loadJSONObject(fileName);
  JSONArray list = weather.getJSONArray("list");
  JSONObject item = list.getJSONObject(0);
  JSONObject main = item.getJSONObject("main");
  float temperature = main.getFloat("temp");
  return temperature;
```

}

　setup()内でgetTemp()関数にJSONファイルの名前(cincinnati.json)を渡すとファイルの読み込みから処理が始まり、getTemp()関数内で一連のJSONArrayとJSONObjectからなるJSONのデータ構造に深く深く潜っていって、目的のデータを取り出します。JSONファイル内のtempの値は、getTemp()関数を経てsetup()内のtemp変数に代入され、コンソールに出力されます。

> **Example 12-7: メソッドの連結**

　最後に、JSONオブジェクトを何度も作成した先のスケッチとは違う方法を示します。getメソッドをドット演算子でつなぐと、1行のコードで目的のデータを取得できます。

```
JSONObject weather;

void setup() {
  float temp = getTemp("cincinnati.json");
  println(temp);
}

float getTemp(String fileName) {
  JSONObject weather = loadJSONObject(fileName);
  return weather.getJSONArray("list").getJSONObject(0).
    getJSONObject("main").getFloat("temp");
}
```

　先の例では取得した温度のデータをいったんfloat型変数に代入してからreturnしました。この例では、getメソッドで得た値を直接returnしています。

　どちらの例も1つのデータをコンソールに出力するまでを示しました。このスケッチをベースに、もっとたくさんのデータを取得して、文字だけでなく視覚的に表示する方法を考えてください。同様の手法で扱えるAPIはたくさんあります。いろんなAPIのデータを調べてみましょう。

Robot 10: Data

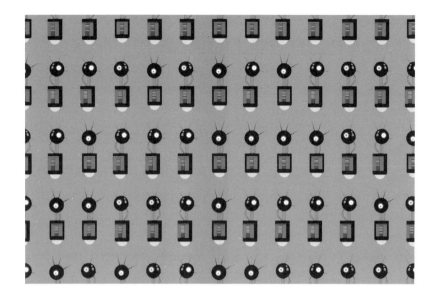

　この章のロボットは、他の章と違い2つのスケッチに分かれています。1つ目はforループと乱数を使ってデータを生成するスケッチ、2つ目はそのデータを使ってロボット軍団を描くスケッチです。
　1つ目のスケッチにはPrintWriterクラスとcreateWriter()という新しい要素が登場します。この2つを使って、スケッチフォルダ内にファイルを作り、データを保存します。まず最初にPrintWriterからoutputオブジェクトを作成し、createWrite()でbotArmy.tsvという名前のデータファイルを用意したら、続くループ内で乱数をprintln()メソッドを使って出力していきます。この乱数はロボットを描画する際の座標です。ellipse()で円を描いていますが、この円は生成したデータを確認するためのもので保存はされません。スケッチを終了する前に、flush()とclose()が必要です。

```
PrintWriter output;

void setup() {
  size(720, 480);
  // 新しいファイルを作成
  output = createWriter("botArmy.tsv");
  // ヘッダー行を出力
  output.println("type\tx\ty");
```

```
    for (int y = 0; y <= height; y += 120) {
      for (int x = 0; x <= width; x += 60) {
        int robotType = int(random(1, 4));
        output.println(robotType + "\t" + x + "\t" + y);
        ellipse(x, y, 12, 12);
      }
    }
    output.flush();  // 残っているデータをファイルへ書き出す
    output.close();  // ファイルを閉じる
  }
```

このスケッチを実行したあと、スケッチフォルダ内のbotArmy.tsvを開いて内容を見てください。最初の5行は次のようになっているでしょう。

type	x	y
3	0	0
1	20	0
2	40	0
1	60	0
3	80	0

最初の項目は、どのロボット画像を使うかを指定しています。2つ目と3つ目はx座標とy座標です。

次のスケッチは、botArmy.tsvを読み込み、そのデータを使ってロボットを描きます。

```
Table robots;
PShape bot1;
PShape bot2;
PShape bot3;

void setup() {
  size(720, 480);
  background(0, 153, 204);
  bot1 = loadShape("robot1.svg");
  bot2 = loadShape("robot2.svg");
  bot3 = loadShape("robot3.svg");
  shapeMode(CENTER);
  robots = loadTable("botArmy.tsv", "header");
  for (int i = 0; i < robots.getRowCount(); i++) {
```

```
    int bot = robots.getInt(i, "type");
    int x = robots.getInt(i, "x");
    int y = robots.getInt(i, "y");
    float sc = 0.3;
    if (bot == 1) {
      shape(bot1, x, y, bot1.width*sc, bot1.height*sc);
    } else if (bot == 2) {
      shape(bot2, x, y, bot2.width*sc, bot2.height*sc);
    } else {
      shape(bot3, x, y, bot3.width*sc, bot3.height*sc);
    }
  }
}
```

配列とTableクラスのrows()メソッドを使うと、このスケッチは次のようにもっと短く書くことができます。

```
int numRobotTypes = 3;
PShape[] shapes = new PShape[numRobotTypes];
float scalar = 0.3;

void setup() {
  size(720, 480);
  background(0, 153, 204);
  for (int i = 0; i < numRobotTypes; i++) {
    shapes[i] = loadShape("robot" + (i+1) + ".svg");
  }
  shapeMode(CENTER);
  Table botArmy = loadTable("botArmy.tsv", "header");
  for (TableRow row : botArmy.rows()) {
    int robotType = row.getInt("type");
    int x = row.getInt("x");
    int y = row.getInt("y");
    PShape bot = shapes[robotType - 1];
    shape(bot, x, y, bot.width*scalar, bot.height*scalar);
  }
}
```

13

拡張
Extend

本書はProcessingの核心であるインタラクティブなグラフィックスに焦点を合わせていますが、そのほかの領域にも活用の道はひらけています。コンピュータの画面のなかにとどまらず、機械を制御したり、高精細な画像をフィルムに出力したり、3Dプリンタへ書き出すことも可能です。

10年以上にわたって、Processingはさまざまな分野で利用されてきました。Radiohead とR.E.M.はミュージックビデオを、NatureとNew York Timesは掲載用のイラストレーションを作りました。展覧会用の彫刻や巨大なビデオウォール、ニットのセーターを作った人もいます。

Processingのこうした柔軟性はライブラリによって実現されています。ライブラリは、標準装備の関数やクラスがカバーしていない領域へソフトウェアを拡張するためのコード集です。ライブラリによって開発者はすばやく新機能を追加し、プロジェクトを成長させることができます。1つのソフトウェアにいろいろな機能を内蔵するより、ライブラリを使ってプロジェクトを小さくまとめるほうが管理も容易です。

ライブラリを使うときは、Sketchメニューの「Import Library」から使用するライブラリを選択します。すると、現在のスケッチにコードが1行追加され、そのライブラリが使えるようになります。たとえば、PDF Exportライブラリを選ぶと、スケッチには次の1行が加えられます。

```
import processing.pdf.*;
```

Processingには標準のライブラリ（コアライブラリと呼ばれます）に加えて、100以上の寄稿されたライブラリがあって、Processingサイトにリンクされています。そのリストはhttp://processing.org/reference/libraries/で見ることができます。

寄稿されたライブラリを使うときは、Sketchメニューで選ぶ前に管理機能（Contribution Manager）を使って追加する必要があります。Import Libraryメニュー内の「Add Library」を選択すると、この機能がスタートするので、Librariesタグに表示されるライブラリのリストから1つ選んでInstallボタンを押してください。ライブラリの更新や削除もここから実行できます。

ダウンロードされたライブラリは、あなたのlibrariesフォルダに保存されます。そのフォルダの位置は、PreferenceにあるBrowseボタンをクリックするとわかります。

前述のとおり、Processingには100以上のライブラリがあります。それらすべてについて説明することはできませんが、私たちが気に入っていて、便利だと考えるものをいくつか紹介しましょう。

サウンド

SoundライブラリによってProcessing 3.0に音の再生、分析、シンセサイズといった能力を導入することができます。このライブラリはContribution Managerを使って、事前にダウンロードしておく必要があります(サイズの都合で標準装備はされていません)。

7章で使った画像やフォントと同じように、サウンドも読み込んで使うメディアファイルの一種です。ProcessingのSoundライブラリが対応しているフォーマットはWAV、AIFF、MP3などで、いったんロードしてしまえば、再生、停止、ループ再生、ディストーションなどのエフェクトを適用することができます。

> **Example 13-1: サウンドを再生する**

BGMを流したり、画面上の動きに合わせて効果音を鳴らしたりするのが、Soundライブラリのもっとも一般的な使い方でしょう。次の例はExample 8-5にサウンドを加えたもので、左右に移動する画像が画面の端にぶつかると音が出ます。音源であるblip.wavファイルは、7章で説明したmedia.zipファイル(http://www.processing.org/learning/books/media.zip)に含まれているので、スケッチを実行する前にdataフォルダへコピーしてください。

他のメディアと同様にSoundFileのオブジェクトをスケッチの冒頭で宣言し、setup()内でWAVファイルを読み込んで、その後の使用に備えています。

```
import processing.sound.*;

SoundFile blip;
int radius = 120;
float x = 0;
float speed = 1.0;
int direction = 1;

void setup() {
  size(440, 440);
  ellipseMode(RADIUS);
  blip = new SoundFile(this, "blip.wav");
  x = width/2;  // 中央からスタート
}

void draw() {
  background(0);
  x += speed * direction;
```

```
    if ((x > width-radius) || (x < radius)) {
      direction = -direction; // 進行方向
      blip.play();
    }
    if (direction == 1) {
      arc(x, 220, radius, radius, 0.52, 5.76); // 右向き
    } else {
      arc(x, 220, radius, radius, 3.67, 8.9);  // 左向き
    }
  }
```

　play()メソッドが実行されたときに音が鳴ります。そのタイミングは変数xの値で判定しています。もし、このような判定をせずにdraw()内で再生すると、再生の途中で次の再生が始まってしまい、その結果ノイズのような連続した音になってしまいます。試しに一度だけ鳴らしたい場合はsetup()内で実行するといいでしょう。

　SoundFileクラスは再生を制御するたくさんのメソッドを持っていて、一度だけ再生するplay()の他に、繰り返し再生のloop()、再生を途中で止めるstop()、ファイル内の指定位置へ移動するjump()などがあります。

Example 13-2: マイクの音を聴く

　Processingは音を鳴らすだけでなく聴くこともできます。コンピュータにマイクロフォンが装備されているなら、次の例を試してみましょう。Soundライブラリによって聴き取った音を分析したり、加工したり、それをまた再生することが可能です。

```
import processing.sound.*;

AudioIn mic;
Amplitude amp;

void setup() {
  size(440, 440);
  background(0);
  // オーディオ入力を有効化
  mic = new AudioIn(this, 0);
  mic.start();
  // 振幅（音量）を分析するクラスをマイクに接続
  amp = new Amplitude(this);
  amp.input(mic);
}

void draw() {
  // 暗い色の背景
  noStroke();
  fill(26, 76, 102, 10);
  rect(0, 0, width, height);
  // analyze()メソッドは0から1の値を返すので
  // map()を使ってウィンドウサイズに合った値に変換
  float diameter = map(amp.analyze(), 0, 1, 10, width);
  // 音量を表す円を描く
  fill(255);
  ellipse(width/2, height/2, diameter, diameter);
}
```

マイクを入力源にして、振幅（音量）を調べるために2つのクラスを使います。AudioInクラスはマイクから信号を受け取るために、Amplitudeはその信号を測定するために使用します。それぞれのオブジェクトはスケッチの先頭で宣言され、setup()内で生成されます。

Amplitudeクラスのオブジェクトであるampは、生成後にAudioInクラスのオブジェクトであるmicに、input()メソッドを使って接続（パッチ）されます。接続が有効になったあとは、いつでもampのanalyze()メソッドによって、信号を測定することができます。この例では、draw()のたびに測定して、その結果を円の大きさで表しています。

次にProcessingでサウンドを直接的にシンセサイズ（合成）する方法を紹介します。合成の基礎となる波形には、サイン波、矩形波、三角波などがあり、サイン波はスムースな音、矩形波は不快な音、三角波はその中間的な音です。それぞれの波にはたくさんのパラメー

タがありますが、ここではサイン波の周波数を変化させて、音がどのように変わるかを体験しましょう。

Example 13-3: サイン波を生成する

mouseXの値を基に、サイン波の周波数を決定します。マウスを左右に動かすと、それに応じて音の高さが変わります。

```
import processing.sound.*;

SinOsc sine;
float freq = 400;

void setup() {
  size(440, 440);
  // サイン波発振器の動作開始
  sine = new SinOsc(this);
  sine.play();
}

void draw() {
  background(176, 204, 176);
  // mouseXの値を周波数(20Hzから440Hz)へ変換
  float hertz = map(mouseX, 0, width, 20.0, 440.0);
  sine.freq(hertz);
  // 現在の周波数を基に波形を表示
  stroke(26, 76, 102);
```

```
  for (int x = 0; x < width; x++) {
    float angle = map(x, 0, width, 0, TWO_PI * hertz);
    float sinValue = sin(angle) * 120;
    line(x, 0, x, height/2 + sinValue);
  }
}
```

sineはSinOscクラスのオブジェクトで、スケッチの先頭で宣言され、setup()内で生成され、再生は前の例と同様にplay()メソッドを実行することで始まります。draw()内のfreq()メソッドによって、周波数は繰り返しセットされます。

画像やPDFの保存

saveFrame()関数はアニメーションを一連のファイルとして保存します。draw()の最後でsaveFrame()が実行されると、画面上のイメージがscreen-0001.tif、screen-0002.tif……という連番のファイルとして、そのスケッチのフォルダに出力されます。デフォルトの画像フォーマットはTIFFです。出力されたファイルをビデオ編集ソフトで読み込めば、動画ファイルとして保存しなおすことも可能でしょう。出力フォーマットとファイル名を変更したいときは、次のようにします。

```
saveFrame("output-####.png");
```

#の位置にフレーム番号を表す数字が入ります。ファイル名だけでなく、保存するフォルダを指定することもできます。たくさんのファイルを出力するときは、次のようにして、サブフォルダを使ったほうがいいでしょう。

```
saveFrame("frames/output-####.png");
```

draw()のなかでsaveFrame()を実行すると、フレームごとに新しいファイルが作成されます。長時間実行すると、スケッチフォルダが数千のファイルで埋め尽くされてしまうので、注意しましょう。

| Example 13-4: 画像の保存 |

2秒間のアニメーションに必要な枚数(フレーム数)の画像を保存する方法を示します。
7章のRobot 5で使った画像(robot1.svg)を使うので、dataフォルダに追加してください。
フレームレートを30fps(frames per second)に設定し、60枚の画像を保存します。

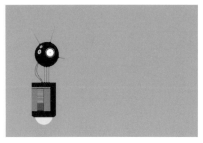

```
PShape bot;
float x = 0;

void setup() {
  size(720, 480);
  bot = loadShape("robot1.svg");
  frameRate(30);
}

void draw() {
  background(0, 153, 204);
  translate(x, 0);
  shape(bot, 0, 80);
  saveFrame("frames/SaveExample-####.tif");
  x += 12;
  if (frameCount > 60) {
    exit();
  }
}
```

Processingはあなたが指定したファイル拡張子を基に保存時のフォーマットを決定します。.png、.jpg、.tifの3種類が標準で対応している拡張子です。.tifの場合は圧縮しないので高速ですが、ディスクスペースを大量に消費します。.pngや.jpgの場合は圧縮によってファイルは小さくなりますが、その処理に時間がかかるため、スケッチの動きが遅くなってしまうことがあります。保存されたファイルを見たいときは、Sketchメニューの「Show Sketch Folder」を実行して、スケッチフォルダ内のframeフォルダを開いてください。

PDFライブラリを使うと、ベクタ画像を高解像度なPDFファイルとして直接出力することができます。PDFならどんなに拡大しても情報が失われません。ポスターや書籍のような印刷物に最適です。

| Example 13-5：PDFとして描く |

Example 13-4をベースにもっとたくさんのロボットを描いてみましょう。今回はアニメーションを省略して、描いた画像はPDFとして保存します。

size()関数の3つ目と4つ目のパラメータは、生成した画像をEx-13-5.pdfというPDFファイルに保存するという指示です。

```
import processing.pdf.*;
PShape bot;

void setup() {
  size(600, 800, PDF, "Ex-13-5.pdf");
  bot = loadShape("robot1.svg");
}

void draw() {
  background(0, 153, 204);
  for (int i = 0; i < 100; i++) {
    float rx = random(-bot.width, width);
    float ry = random(-bot.height, height);
    shape(bot, rx, ry);
  }
  exit();
}
```

描画結果は画面に現れず、スケッチフォルダ内のPDFファイルに直接出力されます。この例のdraw()は一度だけ実行され、そのあとプログラムは終了します。出力結果は図13-1のとおりです。

このほかにも PDF 出力のテクニックを紹介する多くのサンプルがあります。File メニューの「Examples」から Library → PDF Export の項を参照してください。

図 13-1　Example13-5 による PDF 出力

Arduinoへようこそ

　Arduinoはマイクロコントローラボードとそれをプログラムするソフトウェアからなる、電子回路のプロトタイピング環境です。ProcessingとArduinoは長い歴史を共有してきました。領域は異なりますが、両者はよく似たアイデアと目標を持つ姉妹プロジェクトと言っていいでしょう。プログラミング言語の文法やエディタなどはほぼ共通しているので、一方の知識をもとに、もう一方の環境を使うことができます。

　この章では、Arduinoボードから読み取ったデータをProcessingで視覚化する方法に的を絞って説明します。視覚化するのはArduinoボードにつながっているセンサからの情報で、対象となるデバイスは距離センサ、デジタルコンパス、無線ネットワーク化された温度センサなどさまざまなものが考えられます。

　読者はすでにArduinoボードを持っていて、基本的な使い方を知っている前提で説明します。未経験の読者はオンライン（http://www.arduino.cc）で学ぶことができますし、Massimo Banziの『Getting Started with Arduino』（O'Reilly、日本語訳『Arduinoをはじめよう』、オライリー・ジャパン）という良書もあります。また、Processing-Arduino間のデータ転送については、Tom Igoeの『Making Things Talk』（O'Reilly、日本語訳『Making Things Talk』、オライリー・ジャパン）が参考になるでしょう。

　ProcessingスケッチとArduinoボードの間の通信にはSerial（シリアル）ライブラリを利用します。ここでいうシリアルは、1byteずつ順番にデータを送る転送方法のことで、Arduinoの世界では、1つのbyte（バイト）は0から255までの数を格納します。byteはProcessingのint型に似ていますが、扱える値の範囲はずっと狭く、大きな数をやりとりする場合は、いったん複数のbyteに分解してから送り、受け取った側はそれを組み立て直して使います。

　本書ではProcessing側の視覚化プログラムを中心に説明し、Arduino側のコードは次のシンプルな1例だけを紹介します。これから始める人には十分な情報量のはずです。もっと高度な事例はオンラインで見つけることができます。

> **Example 13-6：センサを読む**

　次のコードはArduino用で、このあとのProcessingプログラムと一緒に使います。ArduinoボードへのアップロードはArduino用の開発環境を使って行います。

```
// このコードはArduino用です（Processingでは動きません）

int sensorPin = 0;      // 入力ピン
int val = 0;

void setup() {
  Serial.begin(9600);    // シリアルポートを開く
```

```
}

void loop() {
  val = analogRead(sensorPin) / 4;    // センサを読む
  Serial.write((byte)val);            // 値を送信
  delay(100);                         // 100ミリ秒待つ
}
```

　センサはArduinoボードのアナログ入力ピン0(A0)に接続する必要があります。使えるセンサはCdS(光センサ)、サーミスタ(温度センサ)、曲げセンサ、圧力センサといったアナログ抵抗型のものです。回路図とブレッドボードの図を参考にして、つないでください(図13-2)。

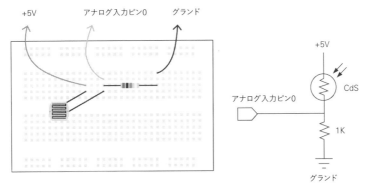

図13-2 光センサをアナログ入力ピン0に接続

　センサからの情報はanalogRead()関数で読み取ります。analogRead()の値は0から1023の範囲をとるので、4で割って0から255の範囲に変換してから、変数valに代入しています。値が0から255の範囲にあれば、単一のbyteデータとして送信することができます。

> **Example 13-7：シリアルポートからのデータ**

　視覚化の最初の例です。Arduinoボードからシリアル通信で送られてきたデータを読み取り、画面表示に適した値へ変換します。このプログラムを実行する前に、Example 13-6をArduinoボードへアップロードしておいてください。

```
import processing.serial.*;

Serial port;    // Serialクラスのオブジェクト
float val;      // シリアルポートから受信したデータ

void setup() {
  size(440, 220);
  // 重要:
  // Serial.list()で取得したリストの、最初のシリアルポートがArduinoボード
  // のはずですが、実行環境によってはそうならないことがあります。
  // 動作しない場合は println(Serial.list()); を実行して、シリアルポート
  // の状態を確認し、次の行の [0]を、Arduinoボードが接続されているポート
  // の番号へ変更します。
  println(Serial.list());              // リストが表示される
  String arduinoPort = Serial.list()[0];
  port = new Serial(this, arduinoPort, 9600);
}

void draw() {
  if (port.available() > 0) {          // データが届いているなら
    val = port.read();                 // 読み込んで、変数valに
    val = map(val, 0, 255, 0, height); // 格納値を変換
  }
  rect(40, val-10, 360, 20);
}
```

　Serialライブラリの読み込みは1行目で行っています。setup()内でシリアルポートが開かれ、シリアル通信が有効になります。Processingが動作しているハードウェアによっては、このスケッチがうまく動かない可能性があるので注意してください。もっとも考えられるのは、有効なシリアルポートが複数存在していて、スケッチが指定しているポートがArduinoのつながっているものではない、という状況です。その場合は、setup()内のコメントを良く読んで、コードを修正してください。

　draw()ブロックのなかで、Serialオブジェクトのread()メソッドを使って値を読み込んでいます。available()メソッドでシリアルポートを監視していて、新しいデータが届いたときだけ、読み込みが行われます。1回のdraw()につき、1byteずつ読み込みます。受信した値は0から255の範囲にあるので、map()関数を使って画面に収まるよう変換します。この例では、高さ(220ピクセル)に合わせています。

Example 13-8：データの流れを視覚化

データが流れ込むようになったので、もっと面白いフォーマットで視覚化してみましょう。光センサから読み取った不安定な動きのデータを、平均化することで滑らかな線として表示します。センサのデータは画面の上半分に、それを滑らかにした線は下半分に表示されます。

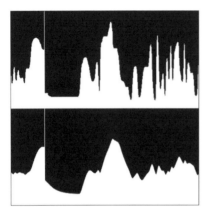
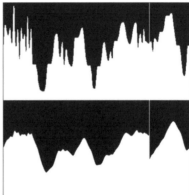

```
import processing.serial.*;

Serial port;      // Serialクラスのオブジェクト
float val;        // シリアルポートから受信したデータ
int x;
float easing = 0.05;
float easedVal;

void setup() {
  size(440, 440);
  frameRate(30);
  String arduinoPort = Serial.list()[0];
  port = new Serial(this, arduinoPort, 9600);
  background(0);
}

void draw() {
  if ( port.available() > 0) {        // もしデータが届いていたら
    val = port.read();                // 読み込んでvalへ代入
```

```
      val = map(val, 0, 255, 0, height/2);  // 値を変換
   }

   float targetVal = val;
   easedVal += (targetVal - easedVal) * easing;
   stroke(0);
   line(x, 0, x, height);                    // 黒い線
   stroke(255);
   line(x+1, 0, x+1, height);                // 白い線
   line(x, 220, x, val);                     // 生データ
   line(x, 440, x, easedVal + 220);          // 平均線

   x++;
   if (x > width) {
     x = 0;
   }
 }
```

このプログラムはExample 5-8で説明したイージングの手法を使っています。Arduinoボードから受信した新しい値と現在の値の差を求め、そこに変化率（easing）を掛けてから現在値に足すことで、生のデータよりもゆっくりとグラフが変化するようにしています。

> **Example 13-9：データを見るもうひとつの方法**

このプログラムはレーダースクリーンを思い浮かべながら作りました。Arduinoボードからデータを読み込む部分は先ほどの例と同じですが、sin()とcos()を使って円形のグラフを描いています。三角関数の使い方はExample8-12から8-15で説明しました。

```
import processing.serial.*;

Serial port;         // Serialクラスのオブジェクト
float val;           // シリアルポートから受信したデータ
float angle;
float radius;

void setup() {
  size(440, 440);
  frameRate(30);
  strokeWeight(2);
  String arduinoPort = Serial.list()[0];
  port = new Serial(this, arduinoPort, 9600);
  background(0);
}

void draw() {
  if ( port.available() > 0) { // もしデータが届いていたら
    val = port.read();         // 読み込んでvalへ代入
    // 得た値を半径に変換
    radius = map(val, 0, 255, 0, height * 0.45);
  }

  int middleX = width/2;
  int middleY = height/2;
  float x = middleX + cos(angle) * height/2;
  float y = middleY + sin(angle) * height/2;
  stroke(0);
  line(middleX, middleY, x, y);

  x = middleX + cos(angle) * radius;
  y = middleY + sin(angle) * radius;
  stroke(255);
  line(middleX, middleY, x, y);
  angle += 0.01;
}
```

放射状の線を描くために、変数 angle が連続的に更新されます。そして、変数 val がその線の長さを変えています。2周目以降は前の周に描かれた線の上に新しい線を描いています。

　Processing と Arduino を組み合わせて、ソフトウェアとエレクトロニクスを結び付けることで、可能性が大きく広がります。この章の例は、Arduino から Processing への一方向の通信だけを扱っていますが、逆向きの通信も可能です。画面のなかで起きていることを Arduino ボードを使って現実にすることも考えられるでしょう。モータ、スピーカ、ライト、カメラなど電気的に制御できるものならほとんどなんでも、Processing とつないで動かすことができます。Arduino に関するさらなる情報は次の URL で探してください。

　http://www.arduino.cc

付録A コーディングの心得
Coding Tips

　プログラムを書くことも、手紙を書くことも、書くという意味では同じですが、コンピュータを相手にするときはルールがより厳密に適用されます。友達に送るメールなら"Hello Ben. How are you today?"と書く代わりに、"hello ben. how r u today"と書くことも許されるでしょう。しかし、融通の効かないコンピュータに読ませるプログラムは1文字でも間違えば動きません。

　Processingはプログラマーがどこでどんなミスをしたかを告げようとします。コードに何らかの間違い（バグ）があると、Runボタンを押した直後、メッセージエリアが赤くなって、Processingが疑わしいと判断した行がハイライト表示されます。ただし、その行にバグがあるとは限りません。1行前の間違いが原因ということはよくありますし、ときには、ひどく離れた行にバグが潜んでいることもあります。メッセージエリアには問題点を説明し、解決策を示す文章（エラーメッセージ）が表示されますが、それも暗号のようにわかりにくいときがあります。初心者にとって、こうしたエラーメッセージは間違いなくイライラのもとでしょう。Processingはバグの発生時に有益な情報を提供しようとしますが、プログラマーがやろうとしていることに関しては極めて限られた知識しか持っていないことを理解してください。

　Processingが一度に見つけることのできるバグは1個だけです。たくさんのバグがあるときは、プログラムの実行と修正を何度も繰り返す必要があります。1つのバグに関する長いエラーメッセージがコンソールに表示されたときは、スクロールして最後まで目を通すとヒントが見つかるかもしれません。

　ここからは、確実に動くコードを書くために覚えておいてほしいことを整理していきます。

カッコ、カンマ、セミコロン

　プログラムはたくさんの小さなパーツでできています。小さなものが集まって大きな構造が生み出されます。パーツのなかでもっとも重要なのが関数とパラメータです。関数はProcessingの基本的な構成要素であり、パラメータは関数のふるまいを決定づける値のことです。

　background()関数を例に考えてみましょう。その名前から、ウィンドウの背景(background)の色を変えるために使われることが推測できます。この関数は色を定義する3つのパラメータを持っていて、赤、緑、青の3色を混ぜ合わせることで、1つの色を作り出します。たとえば、青い背景を描きたいときは次のようにします。

```
background(51, 102, 153);
```

この1行のコードをよく見て、大事なことを確認してください。まず、関数名の後ろのカッコのなかに数字が全部入っていますね。それぞれの数字はカンマで区切られています。行の末尾にはセミコロンがあります。コンピュータはこのセミコロンを見て、文の終わりを判断します。カッコ、カンマ、セミコロンといった部品はひとつでも欠けるとプログラムは動作しません。次の3行を、前の1行と比べてみましょう。

```
background 51, 102, 153);      // エラー！カッコが1つありません
background(51 102, 153);       // エラー！カンマが1つありません
background(51, 102, 153)       // エラー！セミコロンが見つかりません
```

コンピュータはたった1文字の誤字や脱字にも容赦ありませんが、カッコ、カンマ、セミコロンの3つを忘れないようにするだけでもバグはだいぶ減らせます。エラーが発生したときは、この3つを忘れていないか確認しましょう。間違いが見つかったときは、それを修正してからまた実行します。問題が消えれば、プログラムは動きだします。

コードの色分け

Processingの開発環境はプログラムを部分ごとに色分けして表示します。青かオレンジになっている部分はProcessingに組み込まれている単語で、プログラマーが自分で付けた名前と区別できるようになっています。プログラマーが付けた関数名や変数名は黒で表示されます。( ) や [ ]、>といった記号も黒です。

コメント

コメントはコードのなかに書くメモです。自分のための覚え書きであり、そのコードを読む他者に向けての説明書でもあります。そのプログラムが何をしているのかを、普通の言葉で明解に示しましょう。コメントはプログラムのタイトルや作者に関する情報を記録するためにも使われます。

コメントの書き方は2通りあります。ひとつはスラッシュ（/）を2個書く方法で、そこから行末までがコメントになります。

```
// これは1行コメントです
```

複数の行にわたるコメントも書けます。/*と*/で挟まれた部分がコメントとなります。

```
/* 複数の行にわたる
   コメントの例です
*/
```

正しくコメントが入力されるとテキストがグレーに変わり、どこからどこまでがコメントなのかがわかりやすく表示されます。

大文字、小文字

Processingは大文字と小文字を別の文字として認識します。つまり、"Hello"と"hello"は別の単語です。もし、コーディングの途中で、rect()と書くべきところをRect()と書いてしまうと正常に動作しません。入力したコードをProcessingが正しく認識しているかどうかは、文字の色からも判断できます。

スタイル

Processingはコードのなかのスペースの数については柔軟です。下記のコードはどれも同じ意味に解釈されます。

```
rect(50, 20, 30, 40);

rect (50,20,30,40);

rect ( 50,20,
30, 40) ;
```

読みやすいコードを書くよう心がけましょう。コードが長くなってくると、それがとくに重要です。適切な空白のあるコードは読みやすいものです。逆に、スペースの設け方が雑なコードは読みにくく問題が埋もれがちです。すっきりしたコードを書く習慣を持ちましょう。

コンソール

　Processing開発環境の一番下のエリアがコンソールです。println()関数を使って、そこにメッセージを出力することができます。例をあげましょう。次のコードは挨拶と現在時刻を表示します。

```
println("Hello Processing.");
println("The time is " + hour() + ":" + minute());
```

　実行中のプログラムの内部で起きていることを知るためにコンソールは不可欠です。変数の値を出力することで、動作状態を確認したり、問題発生時の原因を探ることができます。

一歩ずつ

　プロジェクトを細かいサブプロジェクトに分割し、それらをひとつひとつ片付けていくようにすれば、小さな成功を何度も味わえます。バグが知らないうちに溜まってしまうことのないよう、コードは数行ずつ書き、頻繁に実行して正常に動くことを確かめながら進めていきましょう。もしバグが出てしまったら、コードを切り分けて、そのバグが潜んでいる場所を特定し解決します。とはいっても、バグ取りはパズルのようなもので、ときにはイライラしたり手詰まりになってしまうこともあります。そういうときは、休憩を取って頭をスッキリさせましょう。友人に助言を求めるのもいい手です。セカンドオピニオンによって、問題がクリアになることがあります。

付録B デバッガ
Debugger

Processing 3.0から標準装備となったデバッガについて解説します。デバッガを使うことで、スケッチに潜んでいる誤りの発見や、アニメーションのタイミング調整、通信中のデータの確認といった作業がしやすくなります。

Processingのデバッガの主な機能は次の2つです。

- スケッチの実行を任意の行で止めるブレークポイント
- 止めたスケッチの変数の値を表示するインスペクタ

コードに手を加えれば、デバッガを使わなくても上記に似た働きをスケッチ自身に持たせることは可能です。たとえばprintln()でコンソールに変数の値を出力するといった方法でもデバッグは可能でしょう。デバッガを使うよりも、そうするほうが良い場合もあります。しかし、デバッグのためにコードを修正してしまうと、それによって挙動が変わって発見したいバグが再現しなくなるかもしれません。高速な繰り返し処理のなかにprintln()を入れても、コンソールの表示はすぐにスクロールで消えてしまい、知りたいデータを見つけるのに苦労します。

デバッガは、コードに変更を加えずに、その動作を任意のポイントで止めたり再開させたりすることができます。また、実行中のコードの外側から変数の状態を見ることができます。こうした機能により、コードのふるまいを正確に把握できるようになるのがデバッガを使うメリットです。

デバッガの使い方

それでは、Processingのデバッガを使ってみましょう。図B-1を見てください。これまでずっと、右上にある虫のような形のアイコンが気になっていたのではないでしょうか？　これがデバッグモードへ切り替えるボタンで、押すと左側のボタンが4個に増えます。図B-1はデバッグモードに入ったあとの状態なので、すでに4個のボタンが並んでいますね。

ボタンの説明はあとにして、先にブレークポイントの説明をします。エディタの左側、行番号の部分を見てください。数字ではなく、菱形◆と三角▶になっている行がありますね。これはブレークポイントのマークです。デバッグモードのときに行番号をクリックすると、数字が消えて◆が表示され、その行にブレークポイントが設定されます。

ブレークポイントの行は人間が指示を与えるまで実行されません……コンピュータの視点で説明したほうがわかりやすいかもしれませんね。スケッチを実行中のコンピュータは

図B-1 デバッグモードに切り替えた Processing 開発環境。右上の虫のような形をしたボタンでこのモードに切り替わる。もう一度押すと、通常モードへ戻る。

ブレークポイントに差し掛かると、実行をいったん止めて人間の指示を待ちます。停止中の行は◆ではなく▶で表示されます。

　Processingのデバッガは、一時停止状態に入ると全変数の値をインスペクタウィンドウに表示します。図B-1では、円の半径と色を表す2つの変数が表示されています（この変数の値は常に変動しています）。この値があなたの予想どおりになっていないようなら、何かがおかしいわけです。コードの誤り、予期しない入力、計算の誤差といったバグの原因をインスペクタを見ながら検討してください。

　最初のブレークポイントに止めたままで問題が見つかることはまずないでしょう。普通は実行を再開させて、また次のブレークポイントで止めて、また再開させて……とステップバイステップでプログラムを動かしながら問題を突き止めます。再開の方法は2通りあって、ひとつがステップ実行（step）、もうひとつが続行（continue）です。

　続行ボタンを押すと、次のブレークポイントに到達するまでコードは普段のスピードで実行されます。ステップ実行ボタンの場合は、押すたびに現在のスコープ内のコードが1行ずつ実行されます。文章で説明するのは難しいのですが、実際に試してみればどういう動作なのかすぐにわかるでしょう。

　最後にインスペクタの機能について補足します。あなたのスケッチに登場する変数の下に、Processingという名前のフォルダアイコンがありますね。これをクリックすると、mouseXやframeCountといったシステム変数が表示されます。デバッグの際は、こうしたシステムの状態を示す変数も参照しながら、スケッチが想定どおりの動きをしているか確認していきます。

Processing
クイックリファレンス

Processing Quick Reference

このクイックリファレンスは、Processing 3.1に付属するリファレンスをベースに、本書に関連する項目を抜粋し、部分的に修正を加えてコンパクトにまとめたものです。スペースの制約により、パラメータの説明やサンプルコードをすべて掲載することはできませんでした。完全な情報を必要とする場合は、オリジナルのリファレンスを併用してください。

> このドキュメントは、Processing開発チームにより執筆され、クリエイティブ・コモンズ・ライセンス（表示 - 非営利 - 継承）の下で公開されているリファレンス(http://processing.org/reference/)を、開発チームの許可を得て、本書籍用に翻訳・編集を行ったものです。同じライセンスで公開します。

Processing クイックリファレンス

目次

基本的な関数	221
Size()	221
noLoop()、loop()	222
redraw()	222
exit()	223
delay()	223
return	224
void	224
スケッチの情報	225
width、height	225
frameRate()、frameRate	225
frameCount	225
cursor()、noCursor()	225
変数のスコープ	226
データ型	227
int	227
float	227
boolean	227
char	227
String	227
color	227
PImage	227
PFont	227
PShape	227
値の変換	228
char()	228
str()	228
int()	228
float()	228
byte()	228
boolean()	228
binary()	228
unbinary()	228
hex()	228
unhex()	228
演算子の優先順位	229
算術関数	230
abs()	230
sqrt()	230
sq()	230
pow()	230
exp()	230
log()	230
round()	230
floor()	230
ceil()	230
min()	230
max()	230
constrain()	230
mag()	230
dist()	230
lerp()	230
norm()	230
map()	230
三角関数	231
sin()	231
cos()	231
tan()	231
asin()	231
acos()	231
atan()	231
atan2()	231
degrees()	231
radians()	231

乱数	232
random()	232
randomSeed()	232
noise()	232
noiseSeed()	233
noiseDetail()	233
文字列の処理	234
match()	234
splitTokens()	235
trim()	235
nf()	236
条件分岐と繰り返し	236
if ~ else	236
for	237
while	237
switch() ~ case	238
break	239
continue	239
2次元図形	239
point()	240
line()	240
triangle()	240
rect()	240
quad()	240
arc()	240
ellipse()	240
バーテックス	240
beginShape()	240
vertex()	241
endShape()	241
座標変換	242
translate()	242
rotate()	242
rotateX()	242
rotateY()	242
rotateZ()	242
scale()	242
shearX()	242
shearY()	242
printMatrix()	242
pushMatrix()	242
popMatrix()	242
applyMatrix()	242
resetMatrix()	242
色	243
background()	243
colorMode()	244
stroke()	244
noStroke()	244
fill()	244
noFill()	245
color()	245
描画時の属性	245
strokeWeight()	245
ellipseMode()	245
rectMode()	245
strokeCap()	245
strokeJoin()	245
画像	246
PImage	246
loadImage()	247
createImage()	247
requestImage()	248
image()	248

imageMode()	249
tint()	249
ベクタ画像	250
PShapeクラス	250
文字の出力	251
PFontクラス	251
loadFont()	252
textFont()	252
text()	252
createFont()	253
textSize()	254
textAlign()	254
textLeading()	255
textWidth()	255
フレームの保存	255
saveFrame()	255
save()	255
マウス	256
mouseX	256
mouseY	256
pmouseX	256
pmouseY	256
mousePressed	256
mouseButton	256
mouseMoved()	256
mouseDragged()	256
mousePressed()	256
mouseReleased()	256
mouseClicked()	256
キーボード	257
keyPressed	257
key	257
keyCode	257
keyTyped()	257
keyPressed()	257
keyReleased ()	257
コンソール出力	258
print()、println()	258

基本的な関数

➔ size()　ウィンドウサイズや描画モードの設定

表示に使用するウィンドウのサイズをピクセル単位で設定します。この関数は必ずsetup()の1行目で実行してください。
システム変数のwidthとheightは、この関数のパラメータと同じです。たとえばsize(640, 480)としたときのwidthは640、heightは480です。size()が設定されなかったときのウィンドウサイズは100×100ピクセルです。
size()はスケッチのなかで一度だけ使えます。サイズの変更はできません。
ウィンドウの大きさはオペレーティングシステムによって制限され、通常は実際の画面サイズが上限です。スケッチをフルスクリーンで実行したいときはsize()の代わりにfullScreen()を使ってください。

[構文]　　　size(width, height)
　　　　　　size(width, height, renderer)
[パラメータ]　width　　　描画ウィンドウの幅(ピクセル)
　　　　　　height　　　描画ウィンドウの高さ(ピクセル)
　　　　　　renderer　P2D、P3D、PDF(オプション)

rendererパラメータによって使用するレンダラ(レンダリングエンジン)を選択することができます。3D図形を描画するときはP3Dを指定してください。このパラメータを指定しない場合はデフォルトのレンダラが使用されます。

P2D-OpenGL互換ハードウェアに対応している2次元グラフィックスレンダラ
P3D-OpenGL互換ハードウェアに対応している3次元グラフィックスレンダラ
PDF-PDFファイルを直接生成する

→ noLoop()、loop() 処理の一時停止と再開

noLoop()はdraw()の繰り返し処理を止めます。そのあとでloop()を実行すると、処理が再開されます。
次のプログラムはマウスで線を描く例です。ボタンを押している間だけ処理が止まります。

```
void setup() {
  size(480, 120);
  strokeWeight(4);
}

void draw() {
  line(mouseX, mouseY, pmouseX, pmouseY);
}

void mousePressed() {
  noLoop();      // ボタンを押すと停止
}

void mouseReleased() {
  loop();        // ボタンが離されたので再開
}
```

→ redraw() 1回だけdraw()を実行する

draw()ブロックを1回だけ実行します。必要なときだけ画面を更新したい場合に使います。
次の例ではマウスボタンを押すたびに線が少しずつ移動します。

```
int x = 0;

void setup() {
  size(200, 200);
  noLoop();      // draw()を実行しない
}

void draw() {
  background(204);
```

```
    line(x, 0, x, height);
}

void mousePressed() {
  x++;
  redraw();      // ボタンが押されたときだけ実行
}
```

➔ exit() スケッチを終了する

スケッチを終了させる関数です。draw()のあるプログラムは、ユーザーがStopボタンを押すか、このexit()関数が実行されるまで動き続けます。
次のコードはマウスボタンを押すと終了します。

```
void draw() {
  line(mouseX, mouseY, 50, 50);
}

void mousePressed() {
  exit();
}
```

➔ delay() 指定した時間停止する

指定した時間だけプログラムを停止させます。単位はミリ秒で、たとえば、delay(2500)とすると、2.5秒間の停止時間となります。delay()をアニメーションの制御のために使うことはできません。シリアル通信のために数ミリ秒のディレイが必要な場合や、ダウンロードの前に数秒の待機が必要な場合などに使うためのものです。

[構文]   delay(milliseconds)
[パラメータ] milliseconds　ミリ秒(1/1000秒)単位で時間を指定します(int)
[戻り値]   なし

→ return 呼び出し元へ戻る

returnは関数ではなく、関数のなかで戻り値を指定するために使われるキーワードです。戻り値のない(void型の)関数では、値を指定せずに、任意の時点でその関数から抜けるために使うこともあります。
次のコードは、値を倍にする関数の記述例です。returnによって、計算の結果を呼び出し元に返しています。

```
void draw() {
  int t = timestwo(30);
  println(t);
}

int timestwo(int v) {
  v = v * 2;
  return v;
}
```

次の例はdraw()内でreturnを使っています。マウスをクリックするとreturnが実行され、それよりあとのコードは無視されます。draw()の繰り返しは続き、頭からまた実行されます。

```
void draw() {
    background(204);
    line(0, 0, width, height);
    if(mousePressed) {
            return;
    }
    line(0, height, width, 0);
}
```

→ void 戻り値のない関数

このキーワードは関数に戻り値がないことを示すときに使います。戻り値がある関数の場合は、そのデータ型を指定します。

スケッチの情報

● width、height 描画ウィンドウの幅と高さ

widthとheightは描画ウィンドウの幅(width)と高さ(height)を保持しています。size()が実行されたときに値がセットされます。

● frameRate()、frameRate フレームレートの設定と取得

1秒間に何回画面が更新されるかを表すのがフレームレートです。frameRate()関数によって変更することができます。設定しない場合(デフォルト)は60fps(フレーム/秒)です。この値は、frameRate変数を参照することで実行中に取得できます。

● frameCount 累計のフレーム数

プログラムがスタートしてから何フレーム表示されたかを保持しているシステム変数です。setup()のなかでは0で、draw()の1回目で1となります。

● cursor()、noCursor() マウスカーソルの制御

cursor()関数を使ってマウスカーソルを変更することができます。あらかじめ定義されている形のほかに、ユーザーが定義した画像も使用可能です。ユーザー定義のカーソルのサイズは16×16または32×32が推奨されます。ただし、ウェブでは標準のカーソルのみが使えます。noCursor()関数はカーソルを非表示にします。cursor()関数を実行すると、カーソルはまた現れます。

[構文]	cursor()
	cursor(mode)
	cursor(image, x, y)
[パラメータ]	mode　カーソルの形(ARROW、CROSS、HAND、MOVE、TEXT、WAIT)
	image　ユーザーが定義するカーソル(PImage)
	x, y　カーソル内のアクティブスポットを示す座標(int)
[戻り値]	なし

次の例はカーソルをコントロールする方法を示しています。カーソルを手の形に変更し、ボタンを押している間はカーソルは消します。

```
void draw() {
  if(mousePressed == true) {
    noCursor();
  } else {
    cursor(HAND);
  }
}
```

変数のスコープ

変数の有効範囲のことをスコープといいます。そのルールはシンプルで「ブロックのなかで作られた変数は、そのブロックのなかでだけ有効」と説明できます。ブロックとは、波カッコ｛ ｝で囲まれた範囲のことで、たとえば、setup()のブロックは、その直後の｛から｝までの間を指します。setup()ブロックのなかで作られた変数は、そのなかだけで使えます。draw()ブロックで作られた変数は、draw()のなかだけで有効です。
ただし、例外があって、setup()やdraw()の外側で宣言された変数は、どこででも有効です。setup()やdraw()のなかだけでなく、あなたが作った関数のなかでも使えます。このような変数を、グローバル変数といいます。
次のコードはグローバル変数の使用例です。

```
int i = 12;      // iをグローバル変数として宣言し12を代入

void setup() {
  int i = 24;    // iを局所的な変数として宣言し24を代入
  println(i);    // 24がコンソールに出力されます
}

void draw() {
  println(i);    // 12がコンソールに出力されます
}
```

次の例はスコープを無視しているので、エラー（Cannon find anything named "i"）となります。

```
void setup() {
  int i = 24;    // iを局所的な変数として宣言し24を代入
}

void draw() {
  println(i);    // エラー! 変数iはsetup()内でのみ有効
}
```

データ型

Processingには多くのデータ型があります。よく使われる基本的なものを選んでまとめたのが次の表です。

名前	扱うデータ	値の範囲
int	整数	-2,147,483,648 ～ 2,147,483,647
float	浮動小数点数	-3.40282347E+38 ～ 3.40282347E+38
boolean	論理値	trueまたはfalse
char	文字（1文字）	A～z、0～9、記号
String	文字列	日本語を含むあらゆる文字
color	色	color()関数を参照
PImage	画像	PNG、JPG、GIF
PFont	フォント	-
PShape	SVGファイル	-

浮動小数点数(float)は小数点以下4桁くらいまで精度が保たれます。なんでも浮動小数点数で処理しようとするのは悪いアイデアで、整数(int)との使い分けが必要です。たとえば、歩数をカウントして移動距離を計算するコードを考えてみましょう。移動距離は歩幅×歩数でわかるとします。歩数をカウントするときはintを使ってください。歩幅はfloatのほうがいいでしょう。歩数のカウントを終えてから、最後に一度だけ歩幅を掛けるようにすると、最小の計算量で精度の良い答が得られます。

値の変換

プログラムを作っていると、ある型のデータを別の型に変換したくなることがよくあります。とくに、文字から数値へ、あるいはその逆の変換が必要となるでしょう。そうした目的で使う関数をまとめました。

関数名	機能
char()	文字（1文字）に変換
str()	文字列に変換
int()	整数に変換
float()	浮動小数点数に変換
byte()	1バイトのデータに変換
boolean()	0はfalseに、そのほかはtrueに変換
binary()	2進数表記の文字列に変換
unbinary()	2進数表記の文字列を数値に変換
hex()	16進数表記の文字列に変換
unhex()	16進数表記の文字列を数値に変換

変換の例を示します。変換結果はコメントを参照してください。

```
int i = 65;
println(char(i));    // 'A'を表示
println(str(i));     // "65"を表示

char c = 'A';
println(int(c));     // 65を表示
println(float(c));   // 65.0を表示
println(byte(c));    // 65を表示

println(boolean(0));    // falseを表示

String s1 = "00010000";
println(unbinary(s1));    // 16(int)を表示

color c = #ffcc00;
println(hex(c, 6));    // "FFCC00"を表示 (6桁に制限)
```

演算子の優先順位

演算子を含む式は決められた順番に基づいて処理されます。順番が決まっていることで、計算の結果はいつも必ず同じになります。算数の授業でも計算の順番のルールについて習いましたが、プログラミングには普段使わない演算子が登場し、ルールも少し複雑です。次の表を見てください。上にある演算子ほど、先に処理されます。一番上の演算子はカッコですね。カッコ内の演算は、カッコの外側の演算よりも先に行われます。表の最下段にある代入演算子は、最後に処理されます。

名前	記号	例
カッコ	( )	a * (b + c)
単項	++ -- !	a++ --b !c
乗除	* / %	a * b
加減	+ -	a + b
関係	> < <= >=	if (a > b)
等号	== !=	if (a == b)
論理積	&&	if (mousePressed && (a > b))
論理和	||	if (mousePressed || (a > b))
代入	= += -= *= /= %=	a = 44

論理演算(&&と||)の結果は次のようになります。

```
true && false → false        true || false → true
false && true → false        false || true → true
true && true → true          true || true → true
false && false → false       false || false → false
```

算術関数

複雑な計算をするときは専用の関数をうまく活用すると、コードがすっきりします。

関数名	機能
abs(a)	aの絶対値を求める
sqrt(a)	aの平方根を求める
sq(a)	aの2乗を求める
pow(a, b)	aのb乗を求める
exp(a)	eのa乗を求める
log(a)	自然対数を求める
round(a)	小数点以下を四捨五入する
floor(a)	小数点以下を切り捨てる
ceil(a)	小数点以下を切り上げる
min(a, b)	最小値を求める
max(a, b)	最大値を求める
constrain(a, min, max)	aをminとmaxの間に制限する
mag(x, y)	原点から座標(x, y)までの距離を求める
dist(x1, y1, x2, y2)	2点間の距離を求める
lerp(a, b, c)	aとbの間の、比cで指定される値を求める
norm(a, b, c)	aを範囲b-cから0-1の範囲へ変換する
map(a, b, c, d, e)	aを範囲b-cから別の範囲d-eへ変換する

パラメータが複雑な関数については、次の例を参考にしてください。

```
println(min(5, 9));              // 5を出力
// min()とmax()は配列を渡すこともできます
float[] list = { 9, -4, 2.2, 0 };
println(max(list));              // 9.0を出力

println(pow(2, 3));              // 2の3乗 8を出力
println(constrain(10, 20, 30));  // 20～30の間に収める 20を出力
println(norm(5, 0, 10));         // 0.5を出力

println(dist(1, 1, 11, 11));     // (1,1)-(10,10)間の距離を出力
println(mag(10, 10));            // 原点から(10,10)までの距離
println(lerp(10, 20, 0.2));      // 12を出力
```

```
println(map(2, 0, 10, 100, 200));    // 120を出力
```

三角関数

三角関数のパラメータの単位はラジアンです。単位を変換したい場合は、degrees()やradians()を使います。

関数名	機能
sin(a)	正弦（サイン）を求める
cos(a)	余弦（コサイン）を求める
tan(a)	正接（タンジェント）を求める
asin(a)	逆正弦（アークサイン）を求める
acos(a)	逆余弦（アークコサイン）を求める
atan(a)	逆正接（アークタンジェント）を求める
atan2(y, x)	座標(x,y)を指定して角度を求める
degrees(a)	角度の単位をラジアンから「度」へ変換する
radians(a)	角度の単位を「度」からラジアンへ変換する

sin()関数とradians()関数を使って、ウィンドウの幅いっぱいのサインカーブを描く例です。

```
size(360, 100);

for(int i=0; i<width; i++) {
  line(i, 50, i, 50 + sin(radians(i)) * (height/4));
}
```

atan2()を使って原点から見たマウスカーソルの角度を求め、図形の回転に利用する例です。

```
void draw() {
  background(200);
  translate(width/2, height/2);    // 原点をウィンドウの中心に
  float a = atan2(mouseY-height/2, mouseX-width/2);
  rotate(a);                       // マウスカーソルの方向へ回転
  rect(-12, -5, 24, 10);
}
```

乱数

→ random()　乱数の生成

乱数を作ります。呼び出すたびに異なる数値を返します。パラメータで値の上限、または範囲を指定することができます。たとえばrandom(5)とすると、0以上、5未満の乱数が生成されます。

[構文]　　　random(high);
　　　　　　random(low, high);
[パラメータ]　high　　値の上限(float)
　　　　　　low　　 値の下限。設定しない場合は0(float)
[戻り値]　　生成された乱数(float)

→ randomSeed()　乱数の種を設定する

Processingはプログラムを実行するたびに異なる乱数列を作りますが、この関数で種を設定することで乱数列を決定できます。つまり、毎回同じ値を設定すれば、毎回同じ乱数列が得られます。

[構文]　　　randomSeed(value);
[パラメータ]　value　種となる数値(int)
[戻り値]　　なし

→ noise()　ノイズの生成

コンピュータグラフィックスで自然物を表現するときのテクスチャや地形描写などで使われるパーリンノイズの生成に使います。

[構文]　　　noise(x)
　　　　　　noise(x, y)
　　　　　　noise(x, y, z)
[パラメータ]　x　ノイズ空間におけるx座標(float)
　　　　　　y　ノイズ空間におけるy座標(float)

	z　ノイズ空間におけるz座標(float)
［戻り値］	0.0から1.0の間の値(float)

● noiseSeed()　ノイズの種を設定する

種を設定して毎回同じノイズを生成します。

［構文］	noiseSeed(value);
［パラメータ］	value　種となる数値(int)
［戻り値］	なし

● noiseDetail()　ノイズの性質を設定する

パーリンノイズの性質はオクターブ数と減衰係数という2つのパラメータを使って調整できます。デフォルトのオクターブ数は4、減衰係数は0.5です。オクターブ数を大きくすると、ノイズの変化はより細かくなります。減衰係数を大きくすると、高いオクターブの影響がより強く現れます。

［構文］	noiseDetail(octaves)
	noiseDetail(octaves, falloff)
［パラメータ］	octaves ノイズ生成時のオクターブ数(int)
	falloff 減衰係数(float)
［戻り値］	なし

次のプログラムはパーリンノイズのパラメータを変えて、質感が異なる2種類のテクスチャを生成します。比較しやすいよう、マウスでテクスチャを動かすことができます。

```
float val;
float s = 0.02;   // スケール

void draw() {
  for (int y = 0; y < height; y++) {
    for (int x = 0; x < width/2; x++) {
      noiseDetail(3, 0.4);   // 変化のゆるやかなノイズ
      val = noise((mouseX + x) * s, (mouseY + y) * s);
      stroke(val * 255);
      point(x, y);
```

```
        noiseDetail(5, 0.6);    // 細かいノイズ
        val = noise((mouseX + x + width/2) * s, (mouseY + y) * s);
        stroke(val * 255);
        point(x + width/2, y);
      }
    }
  }
```

文字列の処理

⇨ match() 正規表現を使った検索

正規表現を使って、文字列(String)を検索します。結果は文字列の配列として返されます。

[構文]   match(str, regexp)
[パラメータ] str   検索対象の文字列
             regexp   検索条件を表す正規表現
[戻り値]   String[] (一致する文字がないときはnull)

次の例は文字列からデータを取り出します。

```
    String t = "本日の気温は28度です";
    String[] m = match(t, "([0-9]+)度");   // 「度」の前の数値を取り出す

    if (m != null) {
      println("t=" + m[1]);   // 検索結果(m[1])を出力
      println(m[0]);          // 一致した文字全体(m[0])を出力
    } else {
      println("不一致");
    }
```

→ splitTokens()　文字列を分割する

splitTokens()関数は文字列中にトークン（目印となる文字）があると、そこで分割し、配列に収めます。デフォルトのトークンはスペース、タブ、改行などです。トークンは指定可能で、カンマやスラッシュなどで区切られたリストも処理できます。

［構文］　　　splitTokens(str)
　　　　　　splitTokens(str, tokens)
［パラメータ］　str　　分割対象の文字列
　　　　　　tokens　トークンとなる文字（複数のキャラクタ）
［戻り値］　　String[]

次の例は与えられた文字列を分割して必要なデータを取り出し、ちょっとした計算をします。

```
String t = "Banana 98 2";
String[] s = splitTokens(t);         // トークンで分割
int price = int(s[1]) * int(s[2]);   // 整数型に変換して掛け算
println(s[0] + "=" + price);         // Banana=196と出力
```

→ trim()　前後の空白を取り除く

文字列の頭と末尾にある空白を取り除いて、文字だけの状態にします。

［構文］　　　trim(str)
　　　　　　trim(array)
［パラメータ］　str　　対象の文字列
　　　　　　array　文字列の配列
［戻り値］　　StringまたはString[]

```
String s = "    good banana.    ";
println(trim(s)); // "good banana."と出力
```

➔ nf() 数値のフォーマッティング

数を指定したフォーマットに変換します。ゼロを詰めて桁数を揃えたいときや、小数点以下を指定した位置で切りたいときに使います。

[構文]	nf(intValue, digits)
	nf(floatValue, left, right)
[パラメータ]	intValue　　フォーマットしたいintかint[]
	digits　　　桁数
	floatValue　フォーマットしたいfloatかfloat[]
	left　　　　小数点の左側の桁数
	right　　　 小数点の右側の桁数
[戻り値]	StringまたはString[]

次の例はfloat型の変数がどのように変換されるかを示しています。

```
float e = 40.2, f = 9.012;
String se = nf(e, 5, 3);
println(se);              // "00040.200"
String sf = nf(f, 3, 2);
println(sf);              // "009.01"
```

条件分岐と繰り返し

➔ if 〜 else 条件分岐

if文を使うことで、条件に照らしてどのコードを実行すべきか判断できるようになります。カッコ内の式が真(true)ならば、ブロック内のコードが実行されます。偽(false)の場合は、実行されません。else文を付け加えることで、偽のときに実行するコードを指定することもできます。また、else ifを使って場合分けの処理を記述することもできます。

[構文]
```
if (式) {
   文
} else if(式) {
   文
} else {
   文
}
```

式　　真か偽の判定に使われる条件式
文　　判定の結果実行される1つまたは複数の文

➔ for　繰り返し

変数と組み合わせて繰り返しの処理をします。

[構文]
```
for ( 初期化 ; 条件式 ; 更新 ) {
   文
}
```

初期化　繰り返しの最初に一度だけ実行される文
条件式　評価の結果が真(true)ならば文が実行される
更新　　各回の処理の最後に実行される文
文　　　判定の結果実行される1つまたは複数の文

➔ while　繰り返し

whileループでは、条件が真(true)の間、処理が続きます。条件が偽に変わらないプログラムを書いてしまうと、ループは無限に続き、Processingの他の処理(たとえばマウスイベントの検知)が止まってしまう危険性があります。

[構文]
```
while (式) {
   文
}
```

式　　真か偽の判定に使われる条件式
文　　判定の結果実行される1つまたは複数の文

次のコードはwhile文を使って、5ピクセル間隔の線を描く例です。変数iが80以上になると、このループは終了します。

```
int i = 0;
while(i < 80) {
  line(30, i, 80, i);
  i = i + 5;
}
```

➔ switch() 〜 case 分岐処理

3つ以上の選択肢から1つを選ぶ処理を記述するときに使います。同じ処理をif〜elseを使って書くこともできますが、こちらの方が分かりやすく便利でしょう。ただし、条件式には整数に変換できる型のみが使えます（byte、char、intなど）。
switch文は式を評価してマッチするcaseへジャンプします。どのcaseにも該当しない場合は、default以下が実行されます（defaultは省略可能です）。caseの後ろのラベルやdefaultキーワードの末尾にはコロンが必要です。caseの最後にbreakがない場合、次のcase以下が続けて実行される点に注意してください。

[**構文**]
```
switch(式) {
    case label1:
        文
    case label2:
        文
    default:
        文
}
```

次の例では、変数letterがaまたはAのとき最初のcaseが実行され、bまたはBのとき2つ目のcaseが実行されます。それ以外の文字ではdefault以下が実行されます。

```
char letter = 'b';

switch(letter) {
  case 'a':
  case 'A':
    println("Alpha");      // letterがbなので実行されない
    break;
```

```
    case 'b':
    case 'B':
      println("Bravo");        // 実行される
      break;
    default:
      println("None");         // どのcaseにも該当しなかったとき
      break;
  }
```

➔ break　ブロックからの脱出

switch、for、whileなどのブロック内で使います。処理を打ち切って現在のブロックから脱出し、次の行へジャンプします。

➔ continue　処理をスキップする

forループやwhileループで使います。ブロック内の処理を打ち切って、またループの先頭へ戻ります。
次の例は、forループ内でのcontinueの使い方を示しています。このように、continueは繰り返しの途中で例外的な処理を記述したいときによく使います。

```
  for(int i = 0; i <= 100; i += 10) {
    if (i == 70) {   // iが70のときだけ
      continue;      // 線を描かずループの先頭へ戻る
    }
    line(i, 0, i, height);
  }
```

2次元図形

基本的な図形を描画する関数です。

関数名	機能
point(x、y)	座標(x, y)に点を打ちます
line(x1, y1, x2, y2)	始点と終点の座標を指定して1本の直線を描きます
triangle(x1, y1, x2, y2, x3, y3)	3点の座標を指定して三角形を描きます
rect(x, y, w, h)	座標、幅、高さを指定して、長方形を描きます
quad(x1, y1, x2, y2, x3, y3, x4, y4)	4点の座標を指定して四辺形を描きます
arc(x, y, w, h, start, stop)	角度を指定して円弧を描きます
ellipse(x, y, w, h)	座標、幅、高さを指定して、円を描きます

各関数のパラメータについては、次の例を参考にしてください。3次元空間に対応している関数もありますが、ここでは2次元空間での使い方を示します。

```
point(95, 5);
line(95, 10, 95, 35);
triangle(10, 65, 38, 40, 66, 95);
rect(60, 50, 30, 40);
quad(38, 31, 86, 20, 69, 63, 30, 76);
ellipse(30, 25, 40, 40);
arc(24, 80, 30, 30, 0, PI);
```

バーテックス

● beginShape()　バーテックスの定義を始める

バーテックス（頂点）を使うと複雑な形を定義することができます。この関数はendShape()関数とセットで使い、両関数の間にvertex()関数を並べて形を作ります。beginShape()をモードの指定なしで実行すると、単純な線の連続となります。その結果、一連のvertex()は変則的なポリゴンを生み出すかもしれません。定義中、座標変換や

他の図形描画はできません。

[構文]	beginShape()
	beginShape(mode)
[パラメータ]	mode　次のうちのどれか、POINTS、LINES、TRIANGLES、TRIANGLE_FAN、TRIANGLE_STRIP、QUADS、QUAD_STRIP
[戻り値]	なし

次のプログラムはvertex()を使って正方形を描く例です。

```
beginShape();
vertex(30, 20);
vertex(85, 20);
vertex(85, 75);
vertex(30, 75);
endShape(CLOSE);
```

➡ vertex()　バーテックスを定義する

バーテックスをつなげていくことで、あらゆる形を作り出すことができます。この関数をbeginShape()のあとに複数回実行して、各頂点の座標を定義します。

[構文]	vertex(x, y);
	vertex(x, y, z);
	vertex(x, y, u, v);
	vertex(x, y, z, u, v);
[パラメータ]	x　バーテックスのx座標(intまたはfloat)
	y　バーテックスのy座標(intまたはfloat)
	z　バーテックスのz座標(intまたはfloat)
	u　テクスチャマッピングの水平座標(intまたはfloat)
	v　テクスチャマッピングの垂直座標(intまたはfloat)
[戻り値]	なし

➡ endShape()　バーテックスの定義を終える

この関数はbeginShape()と対になっていて、定義した図形をイメージバッファに書き込む役割を持っています。パラメータとしてCLOSEを渡すと、始点と終点を接続します。

[構文]	endShape()
	endShape(mode)
[パラメータ]	mode　閉じた図形にする場合はCLOSEを指定

座標変換

座標変換に関連する関数をまとめます。rotateX()のように、3Dレンダラ(P3D)でのみ有効な関数を含んでいます。

関数名	機能
translate(x, y)	位置をずらす
rotate(a)	回転させる
rotateX(a)	x軸を基準に回転させる
rotateY(a)	y軸を基準に回転させる
rotateZ(a)	z軸を基準に回転させる
scale(x, y)	拡大と縮小
shearX(a)	x軸方向に傾ける
shearY(a)	y軸方向に傾ける
printMatrix()	現在のマトリクスをコンソールへ出力
pushMatrix()	現在の座標系をスタックに保存する
popMatrix()	元の座標系をスタックから取り出す
applyMatrix(m)	4×4のマトリクスを適用する
resetMatrix()	座標系を初期化する

次のプログラムは回転ドア風のアニメーションを座標変換を使って表示します。

```
float t = 0;                    // 現在の回転角
float d = PI/60;                // フレームごとの回転量

void setup() {
  size(100, 100, P3D);          // 3D空間を使用
}

void draw() {                   // 座標系は毎フレーム元に戻される
  background(128);              // 背景を毎回クリア
```

```
translate(width/2, height/2);  // 原点をウィンドウの中心に
rotateY(t);                    // y軸を中心とする回転
t += d;
rect(-26, -26, 52, 52);
}
```

色

➔ background() 背景色を設定する

ウィンドウの背景の色を設定します。デフォルトは灰色です。この関数はdraw()の先頭でウィンドウをクリアする目的でも使われます。

[構文]	background(gray)
	background(gray, alpha)
	background(value1, value2, value3)
	background(value1, value2, value3, alpha)
	background(color)
	background(color, alpha)
	background(hex)
	background(hex, alpha)
[パラメータ]	gray　　グレースケール。デフォルトでは、黒=0、白=255
	alpha　透明度(alpha)
	value1　赤または色相(hue)
	value2　緑または彩度(saturation)
	value3　青または明度(brightness)
	color　 color型の値
	hex　　 #FFCC00や0xFFFFCC00といった16進数表現
[戻り値]	なし

➜ colorMode()　カラーモードを設定する

Processingが色の情報を処理する方法を設定します。background()、color()、fill()、stroke()といった関数では、通常0から255までのRGB値で色を指定しますが、この関数を使って値の範囲を変更したり、色相・彩度・明度で指定するHSBモードに切り替えることができます。たとえば、colorMode(RGB, 1.0)を実行すると、有効な値は0から1.0までの浮動小数点数(float)となります。

[構文]　　　colorMode(mode);
　　　　　　colorMode(mode, range);
　　　　　　colorMode(mode, range1, range2, range3);
　　　　　　colorMode(mode, range1, range2, range3, range4);
[パラメータ]　mode　　RGBまたはHSB
　　　　　　range　　色を指定する値の範囲(intまたはfloat)
　　　　　　range1　赤または色相の範囲(intまたはfloat)
　　　　　　range2　緑または彩度の範囲(intまたはfloat)
　　　　　　range3　青または明度の範囲(intまたはfloat)
　　　　　　range4　透明度の範囲(intまたはfloat)
[戻り値]　　なし

➜ stroke()　線の色を指定する

線や図形の輪郭の色を指定する関数です。パラメータはbackground()と同一です。

➜ noStroke()　線や輪郭を描画しない

この関数を実行すると、以降の線や図形の輪郭は描画されません。同時にnoFill()も適用すると何も描画されなくなるので注意してください。

➜ fill()　塗り色を指定する

図形の内部に塗られる色を指定します。パラメータはbackground()と同一です。

➜ noFill() 図形内部の色を塗らない

この関数を実行すると、以降の図形内部の色は表示されません。同時にnoStroke()も適用すると画面には何も描画されなくなります。

➜ color() 色を作成する

color型の変数に格納する色のデータを作成します。パラメータをRGBとHSBのどちらと見なすかはcolorMode()で設定します。デフォルトはRGBモードで、値の範囲は0から255です。たとえば、color(255, 204, 0)は明るい黄色です。
パラメータが1つのときは、グレイスケールを表します。
色を16進数で指定する場合、color()は必要なく、次のように記述できます。

```
color c = #006699;
```

描画時の属性

図形を描く際の属性を指定する関数群です。

関数名	機能
strokeWeight(w)	線の太さを指定。単位はピクセル (float)
ellipseMode(c)	円の位置の指定方法 (CENTER、RADIUS、CORNER、CORNERS)
rectMode(c)	長方形の位置の指定方法 (CENTER、RADIUS、CORNER、CORNERS)
strokeCap(c)	線の両端の形状を変更 (SQUARE、PROJECT、ROUND)
strokeJoin(c)	線のつなぎ目の形状を変更 (MITER、BEVEL、ROUND)

画像

➔ PImage　画像を扱うクラス

画像を扱うためのクラスです。Processingが表示できるフォーマットはGIF、TARGA、PNG、JPEGなどです。画像の読み込みにはloadImage()関数を使います。

フィールド：	width	画像の幅
	height	画像の高さ
	pixels[]	画像を構成する全ピクセルの値を格納する配列
メソッド：	get()	指定したピクセルまたは矩形の色を取得する
	set()	指定したピクセルの色を変更する
	copy()	画像の領域を指定してコピーする
	mask()	マスクとなる画像を適用する
	blend()	モードを指定して画像を重ね合わせる
	filter()	モノクロ化や反転などの画像フィルタ
	save()	TIFF、TARGA、PNG、JPEGとして画像を保存
	resize()	大きさの変更
	loadPixels()	配列(pixels[])に画像を読み込む
	updatePixels()	配列を変更したあと呼び出すメソッド

次のプログラムはURLを指定してウェブサイトから画像ファイルを取得し、表示する例です。

```
PImage online;

void setup() {
  size(400, 400);
  String url = "https://processing.org/img/processing3-logo.png";
  online = loadImage(url, "png");
}

void draw() {
  image(online, 0, 0);
}
```

→ loadImage() 画像を読み込む

PImage型として画像を読み込みます。4種類のフォーマットに対応しており、その拡張子は、.gif、.jpg、.tga、.pngのいずれかです。画像ファイルはスケッチのdataディレクトリに保存されている必要があります。通常、この関数はsetup()内で実行します。draw()内で使うと、実行スピードが遅くなるので注意してください。

[構文]	loadImage(filename)
	loadImage(filename, extension)
[パラメータ]	filename　読み込むファイルの名前もしくはURL(String)
	extension　画像フォーマットを表す拡張子。png、gif、jpgなど
[戻り値]	PImageまたはnull

dataフォルダ内の画像を読み込むのが通常の動作ですが、絶対パスでファイルを指定して、dataフォルダ外のファイルをアクセスすることもできます。また、ファイル名の代わりにURLを指定してオンラインのファイルを読み込むことも可能です。

ファイルの読み込みに失敗するとエラーが発生します。loadImage()はnullを返し、エラーメッセージがコンソールに表示されます。このエラーはプログラムを止めませんが、エラー処理を行わずにプログラムを続行するとNullPointerExceptionが発生するかもしれません。URLを使ってファイルをダウンロードする場合、画像の読み込みに失敗してもエラーにならないことがあります。そのときは画像サイズ(widthとheight)が-1にセットされます。正しい拡張子を持たないファイルを読み込むために、第2パラメータとして拡張子を指定することができます。

→ createImage() バッファを作成する

画像を扱うために新しいバッファを作成します。パラメータは3つとも必要で、省略するとエラーとなります。

[構文]	createImage(width, height, format)
[パラメータ]	width　幅をピクセル数で指定(int)
	height　高さをピクセル数で指定(int)
	format　画像フォーマット(RGB、ARGB、ALPHA)
[戻り値]	PImageまたはnull

次のプログラムは半透明の四角形を重ねて表示します。

```
PImage img = createImage(66, 66, ARGB);

img.loadPixels();
// グラデーション
for (int i = 0; i < img.pixels.length; i++) {
  img.pixels[i] = color(0, 90, 102, i % img.width * 2);
}
img.updatePixels();

image(img, 17, 17);   // 画像を表示
image(img, 34, 34);   // 少しずらしてもう一度表示
```

→ requestImage()　並行して画像を読み込む

スケッチが失速しないよう、別スレッドで画像を読み込みます。読み込み中のwidthとheightは0です。読み込みに成功すると0より大きい値を返します。-1の場合は読み込み失敗です。

[**構文**]	requestImage(filename)
	requestImage(filename, extension)
[**パラメータ**]	filename　読み込むファイルの名前もしくはURL(String)
	extension　画像フォーマットを表す拡張子。png、gif、jpgなど
[**戻り値**]	PImageまたはnull

→ image()　画像を表示する

PImage型の画像を画面に表示します。

[**構文**]	image(img, x, y)
	image(img, x, y, width, height)
[**パラメータ**]	img　　　表示する画像(PImage)
	x　　　　表示位置のx座標(float)
	y　　　　表示位置のy座標(float)
	width　　表示時の画像の幅(float)
	height　表示時の画像の高さ(float)

● imageMode() 表示位置の指定方法を変更する

画像の表示位置の指定方法を変更します。デフォルトはCORNERで、これは左上角の座標で指定するモードです。CORNERSは左上と右下の角の座標を指定するモード、CENTERは画像の中心の座標を指定するモードです。

［構文］　　　imageMode(mode)
［パラメータ］　mode　　CORNER、CORNERS、CENTER
［戻り値］　　　なし

● tint() 画像に色を付ける

画像に色を付けることができます。色とアルファ値を指定することで、色を変えずに透明度を変更することもできます。

［構文］　　　tint(gray)
　　　　　　　tint(gray, alpha)
　　　　　　　tint(value1, value2, value3)
　　　　　　　tint(value1, value2, value3, alpha)
　　　　　　　tint(color)
　　　　　　　tint(color, alpha)
　　　　　　　tint(hex)
　　　　　　　tint(hex, alpha)
［パラメータ］　gray　　　グレースケール。デフォルトでは、黒=0、白=255
　　　　　　　alpha　　　透明度(alpha)
　　　　　　　value1　　赤または色相(hue)
　　　　　　　value2　　緑または彩度(saturation)
　　　　　　　value3　　青または明度(brightness)
　　　　　　　color　　　color型の値
　　　　　　　hex　　　　#FFCC00や0xFFFFCC00といった16進数表現
［戻り値］　　　なし

次のプログラムはtint()を使って画像に色を付ける例です。

```
PImage b;
b = loadImage("lunar.jpg");
image(b, 0, 0);           // そのまま表示
```

```
tint(0, 153, 204, 127);    // 塗り色は青、透明度を50%に設定
image(b, 50, 0);           // 薄い青で表示
```

`tint()`による設定を無効にしたいときは、`noTint()`を実行してください。

ベクタ画像

▶ PShapeクラス　ベクタ画像を扱うクラス

ベクタ画像を格納するデータ型です。今のところProcessingはSVG（Scalable Vector Graphics）とOBJ形式のデータに対応しています。OBJファイルを扱うときは、P3Dレンダラを指定してください。

ファイルの読み込みには`loadShape()`関数を使います。`loadShape()`はInkscapeやAdobe Illustratorで作成したSVGファイルに対応していますが、完全なSVG実装ではなく、ベクタデータの処理に必要な機能を提供しています。

PShapeには多くのメソッドがあり、下記に記載したのはその一部です。詳細についてはオンラインリファレンスを参照してください。

フィールド：	`width`	SVGドキュメントの幅
	`height`	SVGドキュメントの高さ
メソッド：	`isVisible()`	画像が可視ならばtrue、不可視ならばfalse
	`setVisible()`	画像の可視・不可視を設定する
	`disableStyle()`	`strokeWeight`などの描画属性を適用しない
	`enableStyle()`	`strokeWeight`などの描画属性を適用する
	`getChild()`	PShapeオブジェクトの子要素を返す
	`translate()`	位置をずらす
	`rotate()`	回転させる
	`rotateX()`	x軸を基準に回転させる
	`rotateY()`	y軸を基準に回転させる
	`rotateZ()`	z軸を基準に回転させる
	`scale()`	拡大と縮小

次のコードは`createShape()`を使って、画像をProcessing上で生成する例です。`setup()`内で定義した青い四角形を、`draw()`内の`shape()`関数で描画しています。`createShape()`はRECTの他にもELLIPSE、ARC、TRIANGLE、SPHERE、BOX、

QUAD、LINEといった図形を描くことができ、必要なパラメータは同名の関数と同じです。

```
PShape square;

void setup() {
  // 四角形を作成。rect()と同じパラメータです
  square = createShape(RECT, 0, 0, 50, 50);
  square.setFill(color(0, 0, 255));
  square.setStroke(false);
}

void draw() {
  shape(square, 25, 25);
}
```

文字の出力

→ PFontクラス　フォントを扱うクラス

Processingで使うフォントの作成には、Toolsメニューの「Create Font」か、createFont()関数を使用します。システムにインストールされているフォントを使う場合は、createFont()のほうが手間がかかりません。

[メソッド]　　list()　システムにインストールされているフォントのリストを取得

次のプログラムはFFScala-32.vlwというフォントを使って"Hello"と表示します。この名前のフォントファイルがあらかじめdataディレクトリに保存されている必要があります。

```
PFont font;
font = loadFont("FFScala-32.vlw");
textFont(font, 32);
text("Hello", 15, 50);
```

➔ loadFont() フォントを読み込む

文字の表示に使う Processing 用のフォント（.vlw ファイル）を読み込みます。data フォルダに保存されている .vlw ファイルを読み込むのが通常の使い方ですが、絶対パスや URL を指定することで、data フォルダ外から読み込むことも可能です。
この関数を draw() 内で使うと実行スピードが遅くなります。

[構文]　　　　loadFont(fontname)
[パラメータ]　fontname　　読み込むフォントの名前(String)
[戻り値]　　　PFont

➔ textFont() 使用フォントを選択する

loadFont() や createFont() で作成したフォントを使える状態にします。

[構文]　　　　textFont(font)
　　　　　　　textFont(font, size)
[パラメータ]　font　　PFont 型のフォント
　　　　　　　size　　文字の表示サイズ。単位はピクセル(float)
[戻り値]　　　なし

パラメータでサイズが指定されなかったときは、そのフォントの作成時のサイズとなります。

➔ text() 文字を表示する

テキスト（文字や文字列、数値など）を指定した位置に表示します。あらかじめ textFont() 関数で指定したフォントが使用されます。なお、現在の Processing は textFont() などでフォントの設定をしなくても、この text() だけで汎用のサンセリフフォントによるテキスト印字が可能です。
文字の色は fill() 関数で設定します。パラメータ x2 と y2 を指定することで、四角い領域のなかに収まるよう印字されます。このときのパラメータの解釈は rectMode() の設定に依存します。

[構文]	text(data, x, y)
	text(data, x, y, z)
	text(stringdata, x, y, width, height)
	text(stringdata, x, y, width, height, z)
[パラメータ]	data 表示する文字(String、char、int、float)
	x 表示位置のx座標(float)
	y 表示位置のy座標(float)
	z 表示位置のz座標(float)
	stringdata 表示する文字列(String)
	width 表示領域の幅(float)
	height 表示領域の高さ(float)
[戻り値]	なし

→ createFont() フォントを動的に作成する

Processing用のフォントを、dataフォルダに保存されているかシステムにインストールされている.ttyファイルや.otfファイルから、スケッチの実行時に生成します。OSや使用環境によってインストールされているフォントは異なるので、スケッチをシェアする際はdataフォルダに配布可能なライセンスのフォントファイルを保存しておいたほうがいいでしょう。使用可能なフォントのリストはPFont.list()メソッドで取得可能です。

[構文]	createFont(name, size)
	createFont(name, size, smooth)
	createFont(name, size, smooth, charset)
[パラメータ]	name フォント名(String)
	size フォントのサイズ。単位はポイント(float)
	smooth アンチエイリアス処理をする場合はtrue
	charset 作成する文字のリスト(char[])
[戻り値]	PFont

次のスケッチはシステムにインストールされているフォントを使って日本語のテキストを表示します。フォントには「メイリオ」を選びましたが、インストールされていない場合は他のフォントを指定してください。この例のような日本語混じりのコードをProcessing開発環境のエディタにペーストすると文字化けするかもしれません。その場合は、環境設定(Preference)でエディタとコンソールのフォントを日本語対応のものに変更してください。

```
  PFont myFont;

  void setup() {
    size(200, 200);
    // 使用可能なフォントがわからない場合は次の2行を実行して
    // リストを表示し、フォント名を確認してください
    // String[] fontList = PFont.list();
    // println(fontList);
    myFont = createFont("メイリオ", 24);
    textFont(myFont);
    text("富士山", 10, 50);
  }
```

➜ textSize()　文字の大きさを設定する

文字の大きさをピクセル単位で設定します。続いて実行されるすべての text() 関数に影響します。

[**構文**]　　　　textSize(size)
[**パラメータ**]　size　フォントのサイズ。単位はポイント(float)
[**戻り値**]　　　なし

➜ textAlign()　文字の揃え方を設定する

文字を表示する位置の揃え方を設定します。左揃え(LEFT)、中央揃え(CENTER)、右揃え(RIGHT)の3種類から選べます。第2パラメータを使うことで、垂直方向の字揃えを設定することもできます。デフォルトではベースライン(BASELINE)に揃えますが、上(TOP)、中央(CENTER)、下(BOTTOM)のどれかに変更することが可能です。領域を指定してtext()を使う場合は、自動的にTOPとなります。

[**構文**]　　　　textAlign(align)
　　　　　　　　textAlign(align, valign)
[**パラメータ**]　align　水平方向の字揃え(LEFT、CENTER、RIGHT)
　　　　　　　　valign　垂直方向の字揃え(TOP、BOTTOM、CENTER、BASELINE)
[**戻り値**]　　　なし

➡ textLeading() 行間を設定する

行と行の間をピクセル単位で指定します。続いて実行されるすべてのtext()関数に影響します。

[構文]　　　textLeading(dist)
[パラメータ]　dist　行間。単位はピクセル(float)
[戻り値]　　なし

➡ textWidth() 文字の幅を計算する

文字あるいは文字列の幅を返す関数です。文字を描く前に必要な幅を知ることができます。

[構文]　　　textWidth(data)
[パラメータ]　data　調べたい文字や文字列(charまたはString)
[戻り値]　　幅。単位はピクセル(float)

フレームの保存

➡ saveFrame() 連続するフレームを保存する

この関数が実行されるたびにウィンドウの状態が画像ファイルとして保存されます。通常はdraw()の最後で実行しますが、mousePressed()やkeyPressed()と組み合わせることも可能です。保存する際、自動的に連番を含むファイル名が生成されます。保存先はスケッチフォルダで、そのパスを知りたいときはSketchメニューの「Show sketch folder」を実行してください。

[構文]　　　saveFrame()
　　　　　　saveFrame(filename)
[パラメータ]　filename　任意の文字 + #### + 拡張子(.tif、.tga、.jpg、.png)
[戻り値]　　なし

次のコードは、line-0001.tif、line-0001.tif……という連番のファイル名で保存します。ファイルフォーマットはTIFFです。

```
saveFrame("line-####.tif");
```

→ save()　現在のフレームを保存する

現在のウィンドウを画像ファイルとして保存します。拡張子を付けずにファイル名のみを指定した場合は、TIFF（.tif）として保存されます。別のフォーマットにしたい場合は、"image.png"のように拡張子でフォーマットを指定してください。

[構文]　　　　save(filename)
[パラメータ]　filename　任意の文字 + 拡張子（.tif、.tga、.jpg、.png）
[戻り値]　　　なし

マウス

マウス関連のシステム変数と関数をまとめます。

関数名	機能
mouseX	マウスカーソルの水平方向の位置
mouseY	マウスカーソルの垂直方向の位置
pmouseX	前のフレームでのマウスカーソルの水平位置
pmouseY	前のフレームでのマウスカーソルの垂直位置
mousePressed	マウスボタンが押されているとtrue。そうでなければfalse
mouseButton	押されているボタンはどれか（LEFT、RIGHT、CENTER）
mouseMoved()	マウスの移動時に呼び出される関数（ボタンは押されていない状態）
mouseDragged()	ボタンが押された状態でマウスが移動したときに呼び出される関数
mousePressed()	マウスボタンが押されると呼び出される関数
mouseReleased()	マウスボタンから指が離れたときに呼び出される関数
mouseClicked()	マウスボタンが押されてから離されたときに呼び出される関数

次のプログラムは、マウスボタンを押している間、カーソルの軌跡を線として描きます。

```
void draw() {
  if (mousePressed) {
    line(pmouseX, pmouseY, mouseX, mouseY);
  }
}
```

キーボード

キーボードに関連するシステム変数と関数をまとめます。

関数名	機能
keyPressed	キーが1つでも押されているとtrue。そうでなければfalse
key	最後に押されたキーを表す文字
keyCode	最後に押されたキーのキーコード
keyTyped()	キーが押されるたびに呼び出される関数 (CTRLキーなどは除く)
keyPressed()	キーが押されるたびに呼び出される関数
keyReleased()	キーから指が離れたときに呼び出される関数

キーコードを判定することで、カーソルキーやシフトキーのように、文字に紐付けられていないキーを扱うことができます。キーワードとしてUP、DOWN、LEFT、RIGHT、ALT、CONTROL、SHIFTが用意されています。
次のプログラムはカーソルキーの上下で背景色を変更します。

```
void draw() {
}

void keyPressed() {
  if (key == CODED) {      // コード化されているキーが押された
    if (keyCode == UP) {   // キーコードを判定
      background(255);
    } else if (keyCode == DOWN) {
      background(0);
    }
  }
}
```

TabキーやEnterキーに反応するプログラムを作りたいときは、key変数を使います。BACKSPACE、TAB、ENTER、RETURN、ESC、DELETEといったキーワードが定義されています。

次のプログラムはTabキーと普通のキー(A)で背景色を切り替えます。

```
void draw() {
}

void keyPressed() {
  if (key == TAB) {                          // Tabキーに反応
    background(255);
  } else if (key == 'A' || key == 'a') {    // Aキーに反応
    background(0);
  }
}
```

コンソール出力

● print()、println() コンソールへ出力する

コンソールエリアに文字を出力します。プログラムが生成するデータを確認したいときに便利な機能です。出力可能なデータ型は次のとおりです。boolean、byte、char、color、int、float、String、Object、boolean[]、byte[]、char[]、color[]、int[]、float[]、String[]、Object[]。
println()は行末に改行を付け加えます。println()で配列を出力すると、各要素が1行ずつ表示されるので、読みやすくなります。

[**構文**]　　　　println(data)
[**パラメータ**]　data　　出力したい変数
[**戻り値**]　　　なし

次のプログラムは変数の内容を読みやすく表示する例です。

```
float f = 0.3;
println("fは" + f + "です");
```

索引
Index

[記号・数字]

- ……………………………………… 044
-- ……………………………………… 044
-= ……………………………………… 044
,（カンマ）…………………………… 211
;（セミコロン）………………… 046, 211
!（感嘆符）…………………………… 229
!= ……………………………………… 047
.（ドット）…………………………… 151
( )（カッコ）………………………… 211
'（シングルクオート）……………… 073
"（ダブルクオート）…………… 073, 182
{ }……………………………………… 046
* ……………………………………… 044
*= ……………………………………… 229
/（スラッシュ）………………… 044, 211
/* */ ………………………………… 212
// ……………………………………… 034
/= ……………………………………… 229
&& ……………………………… 071, 229
# ……………………………………… 199
% ……………………………………… 166
%= ……………………………………… 229
+ ……………………………………… 044
++ ……………………………………… 044
+= ……………………………………… 044
< ……………………………………… 047
<= ……………………………………… 047
= ……………………………………… 044, 064
== ……………………………………… 047, 064
> ……………………………………… 047
>= ……………………………………… 047
|| ……………………………………… 075, 229

[A]

abs() ………………………………… 230
acos() ………………………………… 231
AIFF ファイル ……………………… 195
Amplitude クラス …………………… 197
analogRead() ………………………… 204
API …………………………………… 186
applyMatrix() ………………………… 242
arc() ………………………… 022, 121, 240
Arduino ……………………………… 203
asin() ………………………………… 231
atan() ………………………………… 231
atan2() ………………………………… 231
AudioIn クラス ……………………… 197
available()（Serial クラス）………… 205

[B]

background() ……… 027, 059, 210, 243
beginShape() ………………… 032, 240
BGM …………………………………… 195
binary() ……………………………… 228
boolean() ……………………………… 228
boolean 型 …………………………… 227
break ………………………………… 239
byte() ………………………………… 228

[C]

ceil() ………………………………… 230
char() ………………………………… 228
char 型 ………………………… 073, 227
class ………………………………… 146
close()（PrintWriter クラス）……… 190
color() ………………………………… 245
colorMode() ………………………… 244

constrain() 119, 230
continue 239
cos() 121, 231
createFont() 101, 253
createImage() 247
createWriter() 190
CSVファイル 177
cursor() 225

[D]
dataフォルダ 096
degrees() 231
delay() 223
dist() 060, 069, 230
draw() 056, 112

[E]
ellipse() 011, 019, 021, 240
ellipseMode() 027, 087, 245
endShape() 032, 241
exit() 223
exp() 230

[F]
fill() 027, 029, 244
float() 228
float型 042, 227
floor() 230
flush()（PrintWriterクラス）.......... 190
FLOSSプロジェクト 007
forループ 045, 164, 237
　　配列を使う 168
frameCount 056, 225
frameRate 225

frameRate() 225
frameフォルダ 201

[G]
getFloat()（Tableクラス）............. 178
getInt()（Tableクラス）................. 178
getJSONObject()（JSONArrayクラス）
　　.. 188
getRowCount()（Tableクラス）...... 178
GIFファイル 099

[H]
HALF_PI 022
header 181
height変数 042, 225
hex() 228

[I]
if 064, 065, 236
image() 097, 248
imageMode() 087, 249
int() 228
int型 041, 042, 227

[J]
JPEGファイル 099
JSONArrayクラス 176
JSONObjectクラス 176
JSONフォーマット 176, 182

[K]
keyCode 075, 257
key 073, 257
keyPressed 072, 257

keyReleased() ･･････････････････････ 257
keyTyped() ･･････････････････････････ 257

[L]
lerp() ･･････････････････････････････････ 230
library フォルダ ････････････････････ 194
line() ･･････････････････････････ 019, 020, 240
Linux ･････････････････････････････････ 010
loadFont() ･･･････････････････････････ 252
loadImage() ･･････････････････ 097, 247
loadShape() ･･････････････････････････ 104
loadTable() ･･･････････････････････････ 177
log() ･･････････････････････････････････ 230
loop() ･･･････････････････････････ 196, 222

[M]
Mac OS ･･･････････････････････････････ 010
mag() ･････････････････････････････････ 230
map() ････････････････････････････ 076, 230
match() ･･････････････････････････････ 234
max() ･････････････････････････････････ 230
millis() ･･･････････････････････････････ 120
min() ･････････････････････････････････ 230
mouseButton ･････････････････ 066, 256
mouseClicked() ･･････････････････････ 256
mouseDragged() ･････････････････････ 256
mouseMoved() ･･･････････････････････ 256
mousePressed() ･･････････････････････ 256
mousePressed ･･････････････････ 063, 256
mouseReleased() ････････････････････ 256
mouseX ･････････････････････････ 058, 256
mouseY ･････････････････････････ 058, 256
MP3 ファイル ･････････････････････････ 195

[N]
new ･･････････････････････････････ 149, 161
nf() ･･････････････････････････････ 170, 236
noCursor() ･･････････････････････････ 225
noFill() ･･･････････････････････････ 029, 245
noise() ････････････････････････････････ 232
noiseDetail() ･････････････････････････ 233
noiseSeed() ･････････････････････････ 233
noLoop() ････････････････････････････ 222
norm() ････････････････････････････････ 230
noStroke() ･････････････････････ 029, 244

[O]
OpenGL ･････････････････････････････ 006
OpenType フォント ･････････････････ 101

[P]
PDE ･･････････････････････････････････ 011
PDF ････････････････････････ 194, 199, 201
PFont ･････････････････････････ 101, 251
PI ････････････････････････････････････ 021
PImage ･･････････････････････ 097, 246
pixels ･････････････････････････････････ 176
play() (SoundFile クラス) ･･･････････ 196
pmouseX ･･････････････････････ 059, 256
pmouseY ･･････････････････････ 059, 256
PNG ファイル ････････････････････････ 099
point() ････････････････････････ 018, 240
popMatrix() ･･････････････････ 090, 242
PostScript ･･･････････････････････････ 006
pow() ････････････････････････････････ 230
print() ･･･････････････････････････････ 258
println() ････････････････････････ 056, 258
println() (PrintWriter クラス) ････････ 190

printMatrix()	242
PrintWriterクラス	190
PShape	104, 250
pushMatrix()	090, 242

[Q]

quad()	019, 020, 240
QUARTER_PI	022, 088

[R]

radians()	022, 231
random()	117, 131, 232
randomSeed()	120, 232
read()（Serialクラス）	204
rect()	019, 021, 240
rectMode()	087, 245
redraw()	222
requestImage()	248
resetMatrix()	242
return	140, 224
RGB	028, 031
rotate()	242
rotateX()	242
rotateY()	242
rotateZ()	242
round()	230
rows()（Tableクラス）	192
Runボタン	011

[S]

save()（PImageクラス）	256
saveFrame()	199, 255
scale()	089, 242
Serialライブラリ	203

setup()	056
shapeMode()	087, 106
shearX()	242
shearY()	242
sin()	121, 231
SinOscクラス	199
size()	012, 018, 221
Soundライブラリ	195
splitTokens()	235
sq()	230
sqrt()	230
stop()（SoundFileクラス）	196
Stopボタン	013
str()	228
String型	104, 227
stroke()	027, 244
strokeCap()	025, 245
strokeJoin()	026, 245
strokeWeight()	025, 245
SVGファイル	104
switch()	238

[T]

Tableクラス	176
tan()	231
text()	074, 102, 252
textAlign()	074, 254
textFont()	101, 252
textLeading()	255
textSize()	074, 102, 254
textWidth()	255
TIFFファイル	199
tint()	249
translate()	082, 242

263

triangle()	019, 020, 240
trim()	235
TrueType フォント	101
TWO_PI	021

[U]

unbinary()	228
unhex()	228

[V]

vertex()	032, 241
VLW フォントフォーマット	101
void	140, 224

[W]

WAV ファイル	195
while	237
width	042, 225
Windows	010

[X]

x 座標	018

[Y]

y 座標	018

[あ 行]

値（変数）	041
アニメーション	113, 199
アルファ値	031
イージング	061, 207
色	027, 030, 243
インスタンス	144, 145
インストール	010
インスペクタ	214
インデント	147
ウィンドウ	011, 018
サイズ	018, 042
背景色	027, 210
エラー	012, 210
円	019, 021
一部を描く	022
境界の判定	069
円運動	121, 124
演算子（オペレータ）	043, 229
関係演算子	046
優先順位	229
大文字・小文字	212
オブジェクト	144
生成	149
配列	167
オブジェクト指向プログラミング	143

[か 行]

カーソル位置	067
開発環境	011
拡張子	101, 201
画像	041
クラスとメソッド	246
保存	199
カラーセレクタ	031
関係演算子	046
関数	018, 130
値を返す	139
作成	132
パラメータ	137
偽（false）	047, 064
キーボードから入力	072, 075, 257

気象情報	186
クラス	145
グラフ	
円形	207
表から描く	176
レーダースクリーン形	207
繰り返し	045, 164, 236
グローバル変数	057
経過時間	120
計算	043
効果音	195
コード（スケッチ、プログラム）	009, 013
色分け	211
コーディングの心得	210
コメント	034, 211
コンストラクタ	146
コンソール	011, 213
出力	258

[さ行]

サイコロを振る	130
サイン波	121, 198
サウンド	195
音量	197
合成	197
再生	195
座標	018
座標系の移動	082
座標系の回転	084
座標系の伸縮	089
座標系の退避と復元	090
変換	242
三角関数	121, 231

三角形	019, 020
算術関数	230
シェア	014
実行	013
実行ウィンドウ	011
四辺形	019, 020
条件分岐	236
シリアル通信	203
真（true）	047, 064
スケッチ	013
作成	013
保存	013
スケッチフォルダ	201
スケッチング	001, 003
スコープ（変数）	226
スペース	147, 212
整数	041, 042
線	019, 020
描画をオフ	029
太さ	025
両端の形状	025
センサ	203

[た行]

タイマー	120
タブ（開発環境）	011, 152
長方形	019, 021
角の形状	026
境界の判定	070
ツールバー	011
停止	013
データ	
構造	176
変化を視覚化	206

265

データ型 ································ 041, 145, 227	プログラミング言語 ························ 006
型変換 ·································· 228	ブロック（コード）····················· 046
テキストエディタ ······················· 011	プロトタイピング ····················· 003
デバッガ ································· 214	ベースライン（文字）················· 102
点 ·· 018	ベクタ画像 ······························ 104
度（角度）······························ 022	拡大と縮小 ··························· 106
トゥイーニング ························· 116	ヘッダー（表）························ 180
透明度 ··································· 031, 099	変数 ····································· 039, 040
	スコープ ······························· 226

［な行］

名前（変数）···························· 041	**［ま行］**
塗りつぶし ······························· 029	マイクから入力 ······················· 196
	マウスの操作 ·············· 013, 058, 256

［は行］

バーテックス（頂点）················· 240	追跡 ····································· 165
配列 ····································· 158	ポイント位置 ························· 058
インデックス ························· 161	ボタンの状態 ························· 063
オブジェクトの〜 ···················· 167	マッピング（値の範囲）·············· 076
宣言と生成 ··························· 161	メソッド ································ 144, 147
要素 ··································· 161	連結 ····································· 189
パラメータ ······························ 137	メッセージエリア ····················· 011
半透明 ··································· 031	メニュー ································ 011
ピクセル ································· 018	文字
描画モード ······························ 027	データ型 ······························· 073
表形式のデータ ························ 176	描画 ··································· 074, 251
グラフを描く ························· 178	文字列
ヘッダー ······························· 180	操作 ····································· 234
フィールド ······························ 144	データ型 ······························· 104
ブーリアン型 ··························· 063	コンソール出力 ······················· 056
フォント ································· 101	表記方法 ······························· 073
浮動小数点数 ··························· 041, 042	
フレーム ································· 112	**［ら行］**
保存 ····································· 255	ライブラリ ······························ 194
レート ································· 112	ラジアン ································ 022
	ラスタ画像 ······························ 099

らせん……………………………………125
乱数 …………………………117, 131, 232
論理演算 …………………071, 075, 229

訳者あとがき

［第1版へのあとがき］

　この本はProcessingの2人の開発者によって書かれた入門書です。彼らがプログラミング初心者に提供したいと考え、10年間にわたって築き上げてきたProcessingのエッセンスが詰まっています。

　まず「画面に丸を描く」ところからレッスンは始まります。そして、首尾一貫、短いコードを書いて画面に何かを写し出すことを続けながら、一歩一歩、高度なプログラミングへと進んでいく構成となっています。関数やオブジェクト指向といった初心者がつまずきがちな概念も「より複雑なグラフィックスを、より簡単に描く」という観点で説明されているので、自然に納得できるはずです。著者を信頼して、順番に例題を実行していきましょう。きっとそれがProcessing習得の早道です。

　日本語版である『Processingをはじめよう』には原著にはないクイックリファレンスが付いています。「クイック」ではなく、オリジナルのリファレンスをそのまますべて掲載できれば良かったのですが、なにせ量が膨大なため紙数の都合で断念しました。限られたスペースに収まるよう、本書に関連する部分を重点的に抽出し、コンパクトにまとめてあります。サンプルコードなどのより詳しい解説は最新の付属リファレンスかprocessing.orgから得てください。開発環境のHelpメニューから「Reference」を選択すると、そのバージョンの付属リファレンスが表示されます。

　本書の編集が佳境に差しかかった頃、原著者からProcessing 2.0のリリースが近いとの連絡が入りました。本書の記述は2.0の仕様に対応するため、原著者の指示に基づいて修正が加えられています。本書に掲載されているコードをProcessing 1.5.1で実行してもエラーにはなりませんが、掲載されている画面写真と表示結果が異なる例があるでしょう。とくに、線のギザギザを消すアンチエイリアシング処理の有無が気になるかもしれません。2.0ではアンチエイリアシングがデフォルトで有効となりました。そのため、本書のサンプルコードはアンチエイリアシングを有効にするsmooth()関数を含んでいません。無効がデフォルトの1.5.1で滑らかな線を表示したいときはsmooth()関数を追加してください。

　こうした仕様変更は、Processsingが現在も日々改良されている証拠です。オープンソースプロジェクトとして、これからも多くの修正が取り込まれていくことでしょう。本書での体験をきっかけに、Processingとあなたの間に長く良い関係が生まれることを希望します。

[第2版へのあとがき]

　本書の最初の版が発行されたのは2011年10月ですから、この第2版をお届けするまでに5年が経過したことになります。その間にProcessingは着実な成長を遂げました。初学者にとってのわかりやすさと使いやすさはそのままに、本職のプログラマーやデザイナーが創作のツールとして活用するのに十分な便利さ、堅牢さ、性能を備えるに至ったと思います。
　第2版で加えられた変更点についてまとめておきましょう。
　追加された章は、座標変換に関する6章とビジュアライゼーションを学ぶ12章です。ちょっと慣れが必要な座標変換のテクニックがひとつの章にまとめられ、Processingユーザーの関心が大きいデータ可視化の初歩を解説する章が新設されました。最終章では、3Dグラフィックスの説明が割愛された代わりにサウンドライブラリの利用例が加えられています。
　日本語版オリジナルの付録にも変更があります。標準装備ではなくなったAndroidモードに代えて、デバッグモードの概説を掲載しました。Androidモードの詳細については下記のページを参照してください。
　http://android.processing.org/
　最新版のProcessing 3.xに対応し、わかりやすさを向上させるため、上記以外の各章と巻末のクイックリファレンスにも細かい加筆修正が施されています。本書をフルに活用して、優しく豊かなProcessingプログラミングの世界を楽しんでください。

──船田 巧

[著者紹介]

Casey Reas（ケイシー・リース）

UCLA Design Media Arts学科教授。Reasの開発したソフトウェア、出版物、インスタレーションは米国、ヨーロッパ、そしてアジアにおける多数の個展またはグループ展にて大きく取り上げられている。2001年からBen FryとともにProcessingを開発。

Ben Fry（ベン・フライ）

ボストンを拠点にしたデザインファーム、Fathomの代表。情報を理解するために、コンピュータサイエンス、統計、グラフィックデザイン、データビジュアライゼーションを統合する研究を行い、MIT Media LabのAesthetics + Computationグループから博士号を取得した。2001年からCasey ReasとともにProcessingを開発。

[訳者紹介]

船田 巧（ふなだ たくみ）

コンテンツやコミュニティサイトの開発・運用が本業のはずだが、昨今は電子工作とそれを取り巻く状況の探求にエネルギーを投じている。ハンダゴテを握りながらオープンソースハードウェアの可能性を夢想する日々。www.nnar.orgでブログ執筆中。著書に『武蔵野電波のブレッドボーダーズ』（共著、オーム社）など、訳書に『Arduinoをはじめよう 第3版』（オライリー・ジャパン）などがある。

Processingをはじめよう 第2版

2016年 9月 6日　初版第1刷発行
2023年 4月 5日　初版第7刷発行

著者：　　　Casey Reas（ケイシー・リース）、Ben Fry（ベン・フライ）
訳者：　　　船田 巧（ふなだ たくみ）
発行人：　　ティム・オライリー
印刷・製本：日経印刷株式会社
デザイン：　中西 要介
発行所：　　株式会社オライリー・ジャパン
　　　　　　〒160-0002　東京都新宿区四谷坂町12番22号
　　　　　　Tel（03）3356-5227
　　　　　　Fax（03）3356-5263
　　　　　　電子メール japan@oreilly.co.jp
発売元：　　株式会社オーム社
　　　　　　〒101-8460　東京都千代田区神田錦町3-1
　　　　　　Tel（03）3233-0641（代表）
　　　　　　Fax（03）3233-3440

Printed in Japan（ISBN978-4-87311-773-7）

乱丁、落丁の際はお取り替えいたします。
本書は著作権上の保護を受けています。本書の一部あるいは全部について、株式会社オライリー・ジャパンから文書による許諾を得ずに、いかなる方法においても無断で複写、複製することは禁じられています。